簡
報
現場力

Show Time!

簡報三分鐘的20個零失敗技巧

Nick Fitzherbert
尼克・費茲賀伯特／著　　鄭清榮／譯

*本書為《簡報像魔術般神奇》的改版書

謹將本書獻給每一位魔術師，讓世人能夠分享他們的創造力、博大精深的建議與啟發。

並向魔術圈、寶拉、路易斯和伊莉莎致謝，因為他們的愛心、大力支持，讓我的生涯徹底改變，獲得嶄新的人生方向。

推薦序：It's your show time!

蘇一仲

是什麼奇蹟能讓一位原本窮困的單親媽媽，變成二〇〇四年《富比世》全球億萬富豪榜中的一員？答案就是：魔法！它讓《哈利波特》的作者J. K.羅琳一夕成名，全世界的麻瓜們引頸期待更多的魔幻劇情。

魔術師大衛．考柏菲（David Copperfield）讓自由女神在眾人眼前消失；劉謙出神入化，塑造單手穿透玻璃的傳奇。我也嚮往，雖然想修佛得神通，但是道行太低，修煉不成只好練了幾招魔法幻術，自娛娛人。

聚會時，不管認不認識，秀一段小魔術，生疏感迅速消失，拉近彼此距離；或是演講進行當中，出奇不意拿出繩子讓它忽軟忽硬，要點小把戲，突顯要點、引起注意，在台下觀眾驚異的眼光中，理念傳述更讓人印象深刻。

奧美集團調查：「一場演講，聽完後，內容忘記一半，一天以後全部忘記，唯一記得的，可能是一個動作或是一個表情。」**一場簡報，有如魔術表演。要扣人心弦，不只在於**

道具本身，而是像寫一篇文章需要起、承、轉、合。

「起」，是要了解對象，決定主題，準備素材，情境鋪陳；「承」，應用行銷的AIDA守則（Attention, Interest, Desire, Action），將想要傳達的主軸，展現於具有戲劇張力的故事，多變不造作的聲音表情與肢體語言，吸引觀衆的目光與融入；「轉」，配合現場的氣氛，臨機應變，讓觀衆有互動的機會，有時更要反其道而行，故意出糗失誤，塑造「笑」果，幽自己一默，更可拉近距離；「合」，與主題緊密相連的總結，爲演出留下餘音繞樑，三日不絕的句點。

台上三分鐘，台下十年功。不論是簡報還是表演，戲法人人會變，但是應用巧妙各不同。如何有一場完美的演出？A Good Magician Never Tells His Secret！但這本書會爲您說分明。

（本文作者是和泰興業董事長也是業餘魔術師，經常在演講與產品代言廣告中變魔術）

前言：祕密，通常都很簡單

若是你問魔術師，是什麼因緣讓他們接觸到魔術？大部分的魔術師都會說，在六歲左右第一次接觸魔術道具開始的。但我可不一樣，我是在一九九一年才開始迷上魔術，那時我已經在經營一家公關公司了。

當時爲了幫某家公司籌辦員工聚會，安排餘興節目時才接觸到魔術。我聘請一位叫普瑞斯托（Fay Presto）的魔術師，他能讓點燃的香菸從來賓的夾克中穿透過去、讓瓶子從堅硬的桌子穿透出去，觀眾的鈔票也會飄浮在半空中，而且他變的把戲還不止於此。

從那時起我就迷上魔術，到處尋訪與魔術有關的商店、俱樂部、雜誌，與各種魔術大會，魔術也漸漸成爲我的公關公司所使用的商業語言，讓我有機會與一些具有魔力的發明家與不同凡響的思想家交往，也因爲對魔術越來越了解，讓我想到：魔術戲法背後的心理原理，應該可以運用在商業上。

身爲公關顧問的我，所要做的事就是吸引別人的注意力、遊說對方並使其信服，其實，如果將魔術中欺騙的元素去掉，世界上的魔術師跟我玩同樣的戲碼。這種看法也被魔術界所敬重的大師蘭迪（James Randi）所認同，他認為：「魔術師是世界上最偉大的溝通者，只是他們所說的每句話都是不實的。」

於是我認為，魔術的確有很多發揮的餘地。將魔術戲法背後的心理原理運用到比較有用的事情，總比只是單純的把兔子從帽子變出來，或耍一耍戲法讓精巧的物品消失不見來得好。

魔術世界的法則

我早年沉迷於魔術之際，很幸運碰上年輕的魔術師尼曼（Andy Nyman）、保羅（Marc Paul）、歐文（Anthony Owen）。當時這些魔術新秀都在雷娜漢（John Lenahan）主持的「周一夜間魔術俱樂部」表演，他們的魔術都有嶄新的欺眾手法，傾向使用心靈感應（讀心術）以及相關的心理學技巧。後來在英國西部港都布里斯托爾（Bristol）的餐館，出現一位叫做布朗（Derren Brown）的魔術師。我在九〇年代晚期參加一場魔術大會時，他發表第一次演講，當時聽眾都笑翻天了。布朗很快地就與歐文、尼曼一起組成表演團體，上電視節目表演全新的魔術。

這些故事人盡皆知，但對我而言，重要的是布朗改變了魔術表演的內容，觀眾的感受不再侷限於童年的記憶，或只是像觀賞類似丹尼爾（Paul Daniels）與古柏（Tommy Cooper）之類魔術師的戲法那樣單純。

最後我鼓起勇氣，申請成爲魔術圈（The Magic Circle）的會員。這個協會是全世界最負盛名的魔術社團，擁有一座大型圖書館，還可以接觸到魔術領域最有才智的人物。這些資源使我的思考更精粹、純正，也讓我更進一步認識魔術的法則：最優秀、卓越的魔術師所運用的二十條法則。我相信將這些法則運用到商業上也同樣有效。這些魔術法則眞的很簡單！而且它的妙處就在因爲內容具有魔力，使得這些法則能像湧泉般活力充沛，盈盈不絕。

這二十條法則關係到魔術表演的成功與否，但與魔術的技術操作無關。我不被允許說出魔術變法的細節，否則會被魔術圈協會開除會員資格。許多人都有童稚般的單純天眞，一旦你揭穿魔術的祕密，他們會非常失望。其實，做商業簡報也是如此。我後來開班授課，就是運用魔術法則訓練學員的簡報技巧。第一次與學員見面時，我都會跟他們說明課程內容是來自魔術世界的法則。

當我告訴學員，我是世界聞名的「魔術圈」會員時，一面取出一副牌，接著就洗牌。我告訴他們，我們這個團體每逢星期一晚上都聚在一處非常祕密的地方，我透露那個祕密的地方就在倫敦的優斯頓（Euston）車站附近，如果他們的公司需要一個可以舉辦活動的場所，那個地方是不錯的選擇。

接著，我會簡短地聊一聊這個地方，將氣氛弄得輕鬆一些，「每個星期一的晚上，許多不同體型、個頭大小不一的魔術師，都會來到這個地方聚會，大伙兒都圍在桌前各自展現形形色色的紙牌魔術。」就在我繼續洗牌的時候，也描述自己站在魔術師之中的情景。

「請選一張牌。」我說道：「任何一張牌都可以，想到要挑選哪張時，就叫我停下來。」他們決定後，我會追問是不是要換牌？最後，他們將那張紙牌拿給其他人過目，這時我開始猜測他們的想法。我說：「我可以像魔術師布朗一樣，讓你們想一想顏色、形狀、價值等等。但我會告訴你，你拿的那張牌是紅心 2。」（他們手中拿的紙牌正是紅心 2）

當下我立刻插話，不讓他們因爲覺得尷尬而拍手叫好：「你們還記得我曾經說過，『祕密』通常如童稚般的簡單？不錯，就以這次的紙牌把戲爲例，除了放在整疊紙牌底下讓大家看到的那張牌以外，其他的紙牌都是紅心 2。」就在大伙兒齊聲歎息之際，我解釋說，許多魔術法則都能運用到像這麼簡單的魔術表演。

單一的注意焦點

譬如，魔術法則第三條：「**溝通要奏效，內容就要是觀衆所知道的事物。**」我運用紙牌跟觀眾溝通，因為每個人都非常熟悉紙牌遊戲。但我若是使用塔羅牌，可能會有部分人不熟悉塔羅牌的「大阿爾克那」（major arcana，一譯：大祕儀。）概念，而無法達成溝通的目的。

這件事讓我想起多年前聆聽比爾．蓋茲（Bill Gates）演講時所提到的商業例子。當時他說，我們將很快會有掌上型電腦可用，但是當時他並未使用ＰＤＡ這個名稱，也沒採用「個人數位輔助器」，也未使用Palm Pilots這個名稱。比爾．蓋茲把這項新科技產品描繪為「一種電子錢包」，於是我們便在腦海裡對這項尚未問市的產品產生大小、形狀的概念，而且知道如何使用。簡言之，比爾．蓋茲就是根據我們已經知道的東西介紹ＰＤＡ。

最重要的魔術法則是第一條：「**溝通的內容是由觀眾的期望和感受所決定**。」採用紙牌變魔術時，魔術師就是在觀眾的大腦打開一個「檔案」，讓他們知道這就是熟悉的紙牌遊戲：五十二張牌、四種花色、兩種顏色，並把不適合的都排除在外。這時魔術師在使用關鍵字和動作時，觀眾就能接收到要傳達的訊息。

這時，魔術法則第二條便開始運轉。魔術法則第二條：「**期望和感受的強化或縮減，可能會受到地位、氛圍與渴望的影響而改變**。」我一開始就告訴觀眾，我是世界最著名的魔術圈（地位）團體的會員，而且我會描述這個魔術俱樂部的室內活動情景（氛圍）。此外，我還運用判斷力、一些好運道，挑選一位熱中魔術的志工助手（渴望）。

我會向觀眾說明，魔術法則不但簡單而且能讓自己更有活力。譬如魔術法則第五條：「**必須有單一的焦點才能集中注意力。**」這一點雖然我早已知道，但從事公關工作二十多年從未聽過像加拿大魔術大師克魯茲（Gary Kurtz）所說的那麼深刻、透徹，他說：「不要在你自己和正在做的事情之間，分散注意力。」

他的意思是，如果魔術師拿出一張紙牌，觀眾不但會盯著拿紙牌的那隻手，眼神也會掃過魔術師的臉部和身體其他部位，所以最好的方式就是把紙牌拿高到靠近臉部的地方，這樣就能讓觀眾形成單一的注意焦點。

做商業簡報時，你應該與身旁的支撐物或螢幕保持很近的距離，而且要簡化所要傳達的訊息，這樣才能從心理上和形體上創造單一的注意焦點。

當你創造出單一的注意焦點之後，就可以從魔術法則第六條：「**從左邊看到右邊，然後再到左邊停留下來。**」獲得利益，因爲西方的閱讀習慣是從左到右，所以我在做簡報時都會把視覺輔助工具或螢幕，以觀眾的視覺角度設定從左至右的閱讀方式，這樣觀眾就會盯著我，也會看到我所安排的輔助工具，他們的注意力自然就會重新回到我身上。

魔術法則第十八條指出：「**懷疑會因爲開放而減少，但也會因爲過度強調而增加疑慮。**」魔術師總是說：「選一張牌，任何一張都可以，你想改變主意嗎？」這樣的問話是展現開放的態度，減少觀眾心裡認爲會受騙上當的疑慮。魔術師必須避免說：「我手中所拿的是一副完美無缺、非常平常的紙牌。」像這麼過度強調的用語比較容易引起對方的懷疑，而不是降低疑慮。在商場上的類似用語像是：「放輕鬆，自在地跟顧客說話。」就能激起對方的信心。

魔術法則第十九條：「**人們會依賴自己找出的方法。**」當我根據這項法則猜測觀眾對於紅心2的想法時，會讓他們看到放在底下的紙牌。即使那只是處在下意識的情形，但他們認知到自己可以看到不同的紙牌，而且也讓他們的大腦確認：一切都是合乎程序。你的大腦會相信你告訴它的事情，但是大腦還是會懷疑別人告訴它的事情，所以如果你採用說服的方式與對方交談、溝通，你的觀眾就會被你鎖定，而且會準備接受你要傳遞的訊息。

訓練公關人員的時候，與其不斷的大聲喊叫：「賣了！賣了！賣了！」倒不如告訴他們這項法則如何讓公關工作變得更有效率。優秀的公關人員都會抓住正確的時機，讓自己所推銷的訊息或產品浮現在有意購買的人眼前，並讓這些可能的買家自行做出買賣的決定。

實用的簡報魔法

這本書是根據各行各業的團體和個人，參加我的簡報訓練研習課程所需而撰寫的。這些研習班學員的需求非常廣泛，包括商場的推銷與僱用員工的重要講話、面對公司股東的簡報、評定獎項的致詞、說服特殊利益團體，以及銷售產品等等。在某個特別的研習班，我將本書所提到的二十條魔術法則介紹給學員，並要求他們做簡短的簡報，再針對他們的簡報加以評論並一起討論，所以彼此都知道對方的優缺點。

午餐時間，我經常送那些上過訓練課程的學員去學魔術，要求他們要學一項適合在公司或組織團體表演的魔術，還會要求他們在下午的研習課堂上表演。這麼安排是有原因的，因為魔術表演就像在短短幾分鐘之內做一場完整的簡報，所以開場白、結束語、製造高潮話題、管控觀眾的參與，以及運用視覺輔助器材等等，都有很多地方可以學習。許多學員都說，這個活動安排是一整天訓練之中最有用的部分，能讓他們走出被保護的溫室也能學會有用的法則，達到學以致用的效果。

另一個好處是讓學員在做商業簡報時，可以展現有時隱藏在內但有用、吸引人的個人特質。有些人做簡報時很僵硬、很古板，即使同事鼓勵要放開一些，他們還是抗拒地說：「我的顧客希望我保持這個模樣，我是看在能賺到他們的錢的份上才這麼做。」不過，輪到這些學員上場表演魔術時，他們的整個身體語言完全改變了，臉上的笑容出現了，你可以從他們發出的聲音聽到他們內心的喜悅。

他們的喜悅讓在場的人備感溫暖，讓他們所說的話更具有說服力。他們也看到自己的改變，而且發現可以運用到商業簡報，讓自己與顧客有更好的互動。我的研習班訓練內容還包括建立簡報風格的團體討論，這很重要且影響很大，就像是移除眼睛裡的白內障一樣。

這本書也綜合我早期在魔術圈所學到的戲法，運用在公關工作二十多年的推銷、簡報的可貴經驗，以及在日常生活中所學到的新知和經驗。本書分成三篇，每篇都很重要，從簡報的架構談起，並討論做簡報的準備工作與表達方式。

CONTENTS

PART I
簡報架構

PART II
事前演練

PART III
簡報表達

簡報魔術法則

溝通力

魔術法則1：溝通的內容是由觀眾的期望和感受所決定。

魔術法則2：期望和感受的強化或縮減，可能受到地位、氛圍與渴望的影響而改變。

魔術法則3：溝通要奏效，內容就要是觀眾所知道的事物。

魔術法則4：大腦會過濾所接收到的訊息，而且只會留下它覺得最重要的部分。

注意力

魔術法則5：必須有單一的焦點才能集中注意力。

魔術法則6：從左邊看到右邊，然後再到左邊停留下來。
魔術法則7：觀眾會往你所看到的地方看過去，也會朝著你所指的地方指去，與朝著你告訴他們要看的地方看過去。
魔術法則8：奇特性、動作、聲音、對比，以及任何新的或不一樣的東西都是相對的，其中每項都有潛力抓住注意力。
魔術法則9：比較寬敞的環境通常會給你更多的訊息，或是減少訊息。
魔術法則10：內容的每一項要素，不是增加訊息就是縮減訊息。
魔術法則11：要藉著不斷的變化來維持注意力，藉此縮短心理時間。

影響力

魔術法則12：感官會提供五種不同的感覺給大腦。
魔術法則13：最初和最後都要被觀眾記得。
魔術法則14：否定會阻礙溝通，在傳遞訊息之前需要先整理。
魔術法則15：過度熟悉會導致視而不見。
魔術法則16：要有深刻的影響力，就要將訊息轉化為長期記憶。

自信力

魔術法則 17：要說服別人之前要先說服自己。

魔術法則 18：懷疑會因為開放而減少，但也會因為過度強調而增加疑慮。

魔術法則 19：人們會依賴自己找出的方法。

魔術法則 20：人們的反應會受到同儕的影響。

PART I

簡報架構的重要性被低估了，所以本書開宗明義就要探討簡報的基礎工作：規劃簡報架構。良好的簡報架構有助於簡報者與觀眾之間交流互動，此外，在簡報最精采的時刻也能吸引觀眾的注意力。

我還會討論簡報的影響力以及簡報者的信心問題，唯有事前規劃簡報架構才能傳遞訊息，確實達到簡報的目的。

本書的撰寫風格會讓你覺得好像正在跟眼前的觀眾談話，學會這種寫作風格便能說服你的觀眾。我們所見也許有所不同，但我認為觀眾越少你越要小心，必須事前謹慎規劃簡報的架構與內容。

簡報架構

1／花時間在簡報架構

蓋房子前若沒有準備建築材料，也不知道房子要蓋在哪裡、如何蓋？就無法蓋房子。同樣的道理，魔術師事前也需要有表演架構，包括：注意力、同理心、激發觀眾好奇心和興趣、掌握節奏、發揮說服力，以及抓住焦點。這些就是基礎工程，如何安排內容比重、呈現時機，在在都需要慎密的規劃。

許多關於簡報技巧的訓練都太強調溝通、表達與交流的層面，卻很少提到與簡報關係密切的要素：簡報的架構與簡報前的演練。參加簡報技巧訓練的學員，都期望講師能幫他們提升做簡報的表達力與技巧，但他們會發現有些講師是演藝人員出身，安排的課程內容往往是如何呼吸、如何站立、如何舒展嗓門，而且在學員上台演練簡報時會錄影，然後再反覆訓練。

這些課程安排雖然很重要，但我認為簡報的架構和做簡報要達成的表達與溝通，它們的重要性不分軒輊。我有個小祕密也樂意與你分享：**如果將簡報的架構都釐清了，做簡報**

要達成的訊息傳遞與溝通就容易了。所以，多花點時間在簡報的架構，那麼你的簡報內容將更有條理，更能去蕪存菁與突顯重點，並達到通暢自然、合乎節奏與個人的獨特表達風格。

有一家著名的金融服務公司，曾經請我去教導他們的人力資源主管如何做簡報。這位女性主管自我介紹時就直截了當的說：「我必須站在運動場上，跟公司所有人宣布組織變革計劃，但我心裡好害怕。」我了解她緊張的情緒難以控制，不知如何回應員工提出的問題。

事實上，我只是幫她在身邊大桌上多放一份投影片的書面文稿，但她第一次簡報演練時很不穩定，於是我將幾張投影片的次序重新排列，並且簡化簡報的內容，還刪除了幾張投影片。我跟這位主管說：「試一試這個新組合。」結果這樣的簡報內容顯得更簡潔，而且她表達時也更有信心，甚至展現個人的特殊表達風格。完成三次簡報演練之後，她說：「我不再害怕了！我有自信上台做簡報，自然流暢的簡報讓我感覺那都是出自肺腑之言，也不擔心下一句要怎麼接下去。」

簡報演練後我們還有很多時間討論如何增強簡報的影響力、如何有效的運用簡報場地空間，以及採用何種方法能促進與觀眾之間的互動交流。所以，將簡報的架構搞對了，接著就輕鬆容易，而且效果也更顯著。

這位主管的故事告訴我們，藉由第三者的協助對做簡報是有所裨益的。當你在構想簡報的架構時，通常會發現正確的內容已經有了，不過還需要調整部分的排列順序與編輯校對。本書後面的篇章將進一步討論編輯校對的問題，特別是內容的取捨要能嚴格的「割愛」，正如電影界常常說的：對主題並不很熟悉的人，他們的客觀意見很可能都是寶貴意見。

使用錄影機

使用錄影機訓練學員做簡報的問題，我認爲有些講師常常未考慮正反意見就太快做決定。因爲許多人並不喜歡被錄影機鏡頭捕捉的感覺，因爲每個人的感受和顧忌不同，有些人看到自己的演練錄影在董事會議上被播放出來，會覺得恐怖害怕。

我被某些公司請去訓練員工的原因，常常是因爲員工以前接受演員出身的講師以錄影的方式做簡報訓練，而備感折磨，尤其是那些演員講師既年輕又沒有經驗。當然，採用錄影機訓練做簡報，對有經驗的簡報者而言可以消除小缺點，達到更完美的簡報。但只有少數的人才會上電視做簡報，所以這與上電視的表現無關，因此這種方法只在消除緊張的情緒。

事實上，確實有不採用錄影機訓練學員的先例。魔術界傳奇人物古柏曾勸告朋友不要在鏡子前演練，他的朋友對此表示訝異，因為魔術師都必須運用技巧檢視觀看的角度，但古柏解釋：如果你在鏡子前演練，就會花很多注意力在自己身上，而不是注意觀眾，其實觀眾才是你應該注意的焦點。我曾經拿這件事跟著名的魔術師杜漢（Geoffrey Durham）討論，他也同意古柏的看法。此外他還進一步指出，站在鏡子前演練太久，你的眼睛會一直盯住一個固定的位置，因此你的眼光就會與多數觀眾的視線有不同的水平。

POINT

多花點時間在簡報架構，會讓你的簡報內容更加完美，而且也能讓你在表達時更容易，並成為一位傑出、成功的簡報者。

2／與觀眾互動

魔術師在表演前很難清楚觀眾想要什麼，沒把握是否能透過道具、技巧引發觀眾的記憶和感受，因此魔術師必須要臨場應變，快速掌握觀眾的情緒。

期待與感受

我們的大腦像超大的檔案系統，能蒐集各種資料也能合乎邏輯的儲藏資料，而且能夠快速讀取。當資料進入大腦之後，就透過記憶去跟已經「在檔案內」的資料做比對，然後一一分類，於是大腦的「相關檔案」便打開並解讀眼前所看到、聽到的資訊。

所以你要常常想一想：我正在打開觀眾大腦裡的什麼「檔案」？當他們在打量你，或是你還沒說話、做出動作之前，觀衆的腦裡在想什麼？他們認爲你是老態龍鍾？很年輕？很時髦還是很邋遢？你有專家的模樣或只是普普通通？對你的第一印象都會通過觀衆的大腦並加以過濾，而且這些都將形成你們之間的溝通架構。魔術法則第一條：「**溝通的內容是由觀眾的期望和感受所決定。**」

我之前提到紙牌的例子。當我取出紙牌的當下便打開觀眾大腦裡的檔案，同時也告訴他們早已知道的紙牌遊戲。一副牌有五十二張，每張都不一樣。其實，我手中那一副牌除了放在最底下的那一張之外，其他的牌每張都是一樣。

最好的例子就是政治人物的言行舉止。當他們從事競選活動時，都盡其所能想說服我們，但他們的外表和個人特質才是選民投票的依據。英國首相卡麥隆（David Cameron）參選保守黨主席時沒什麼名氣，當他在講述保守黨的未來時，選民會將他的個人形象留在大腦裡，感覺他很年輕、沒有經驗、很帥氣、出身好家庭、有教養、有位漂亮的妻子、有小孩。相較之下，他的競爭對手戴維斯（David Davis）給人的印象則是：中年男子、很有經驗、苦學出身、容貌普通、妻子像是附庸新潮的人。

政治人物的個人特質和家庭背景與他們是否有能力領導政黨沒有關聯，但個人特質卻在選民投票那一刻就決定了勝負。二〇一〇年，強森（Alan Johnson）在英國大選挫敗之後想問鼎工黨黨魁大位。雖然他經驗豐富、工黨大老相挺、出身勞工階層又是孤兒，最後還是落敗了。他分析失敗的原因：「其他參選人都同出一個模子，很像卡麥隆、克萊格（Clegg）的出身。我猜想，這與我的出身有關，而與我所說的話無關。」

所以面對觀眾時要先了解，他們大腦裡的檔案是什麼。還必須從他們堅持的偏見、學識和經驗，去猜想他們的想法。

處理觀眾的感受

一旦對觀眾的感受做過評估，你就要轉移由自己引發的不好感受，必要時要壓制那些不好的感受。魔術法則第二條：「**期望和感受的強化或縮減，可能受到地位、氛圍與渴望的影響而改變。**」以我為例。我會向觀眾談到魔術圈的朋友（地位）、這些魔術師相聚在魔術圈總部（氛圍），以及我想從他們身上學習精湛的魔術（渴望）。有個很好的例子就是安慰劑。安慰劑都是由合格醫生開立處方（地位），用藥目的就是讓病人感覺舒服（氛圍），而且病人也想藉此舒服過生活（渴望）。

在我的簡報訓練班，需要透過魔術法則第二條加以處理的，就是年齡問題。接受我指導的學員，大部分人在健康照護和金融界的成就不凡，但他們都非常年輕，而且從外表看來，有些人都比實際年齡還要年輕。所以我的方法是，先了解這些年輕學員平常都去哪、和什麼人交往，再將這些訊息融入我的教案中，才能找出施教的方向。

引起「渴望」是很重要的一招。我有一位顧客，他的想法古板守舊，認為必須是新聞記者才能在公關界闖出名堂。但我很少僱用新聞記者出身的人，若錄用了，就會提醒他們要常強調當年從事新聞工作的卓越聲譽。這麼做讓我的古板守舊顧客很高興，也讓這些由新聞記者轉行當公關的人更有自信。

說觀眾知道的事

魔術師玩撲克牌有很多理由，但共同點是因為撲克牌有五十二張，可以玩很多花樣又易於攜帶。魔術經歷數千年依然存在，部分原因是「街頭魔術」（Street Magic）的興起。也就是運用日常用品在街頭表演的魔術，而不是利用花俏、塗上五顏六色的輔助器材。

你與觀眾之間的互動捷徑就是利用他們所知道的事物，運用他們熟悉的材料藉以打開隱藏在觀眾大腦裡的「檔案」。我以撲克牌爲例，就是因爲撲克牌是每個人都了解的東西，不但可以屏除語言障礙還能觸發消遣把玩的「渴望」。我也提出比爾．蓋茲在推出ＰＤＡ所做的成功案例。當然也有溝通不成功的例子，譬如ＰＤＡ發表後數年，ＴｉＶｏ公司發表數位錄放影機新產品，但這項新產品在英國上市後不到兩年，該公司在英國的營運便告結束。我認爲ＴｉＶｏ在英國失敗的原因是，它與潛在顧客溝通失敗所造成的。

ＴｉＶｏ所提出的口號是：「你可以暫停正在播出的電視」，可是這個口號要傳達的訊息對觀衆而言卻茫然無頭緒，不知箇中含意。對電視觀衆來說，這個口號的概念非常陌生。「你可以暫停正在播出的電視」，這樣的說辭不可信。所以，不管是科技知識或是TiVo證明眞的很管用，觀衆都需要被教育。

即使用「就像你擁有自己的電視台一樣」，這樣的話也是言過其實。除了是媒體大亨梅鐸（Rupert Murdoch），很少人擁有自己的電視台，所以「擁有電視台」不是大多數人的「渴望」。TiVo的產品太尖端了，它聚焦在我們想要的東西，但沒有人知道這種數位錄放影機如何使用。如果TiVo把口號改成「永遠不會錯過下一集」，或「只要按一下就能錄下全部節目」，也許還有效果。

英國的汽車節目《急速對決》（*Top Gear*）主持人克拉克森（Jeremy Clarkson）與戲劇作家兼演員塔堤（Catherine Tate），這兩位都是簡報專家，他們的簡報內容都是觀衆已經知道的事情。克拉克森的絕招就是微笑。他透露，微笑這一招是他早年做汽車雜誌時，對汽車知識了解不多時經常使用的招數。爲了讓觀衆深入了解，他會借助食物、性話題引起觀衆的注意。他發現，這種方式不但能吸引觀衆也能讓觀衆擺脫緊繃的神情。後來他成爲BBC的超級明星，經營的雜誌與出版業也飛黃騰達。

而塔堤的成功是因爲她能創造喜劇元素，這都要歸功於她曾經在節目中扮演葛蘭妮老婦人的角色，遇上粗暴年輕人那種「我才不在乎」的態度。塔堤表示，爲了達到喜劇效果必須做到：「搞通文法，部分用驚奇的方式，其他用誇大的方式。」當然，粗魯、誇大的表演風格也成爲她的利器。

創造共鳴

魔術師的神祕性越來越淡薄了，他們必須在街頭、宴會場合創造自己的表演舞台，也必須面對觀眾當場質疑。所以魔術師要隨時調整表達方式，而且通常在一個晚上要調整很多次。

行話與術語

你的觀衆無法了解你要表達什麼嗎？在某些場合，採用專業行話與術語有助於和觀衆產生連結，但如果有人不了解你的意思而有被排除在外的感覺，你就要避免使用行話與術語。

相關性和複雜性

有需要爲特別的觀衆而簡化或修訂簡報內容嗎？其實，大部分的簡報者都是以慣用的說法滔滔不絕，幾乎不考慮觀衆是不是懂得他講的內容。英國前首相布萊爾（Tony Blair）在任職晚期，有一次在女子學院（Women's Institute）演講時碰到不給面子的對待。有一次，我聽某位市長談論政府預算和兒童權利問題時，也是表現平平。

其實，他們只要調整用語就能符合聽眾的需求。譬如，那位市長還沒有先介紹政府爲兒童做了哪些公共設施之前，就要求兒童要多愛護公共設施。同樣的，布萊爾只是將顧問所擬定的女性政策照本宣科，聽眾就感覺不出誠意。通常這和觀眾的年齡有關，魔術師都清楚要做什麼事來做調整。譬如我之前提的紙牌，大部分孩子都會玩紙牌遊戲，但尚未發展對一副紙牌的感受和聯想，所以看到梅花3時，對他們而言毫無意義。

文化問題

如果聽眾不清楚故事中的人物、地方和事件，那麼你的故事就無法傳遞要表達的重點，甚至造成他們的困擾。但魔術師在這方面就很在行，因爲魔術是一種全球化的語言。值得一提的是，會有少數的喜劇演員成功的撈過界，他們分享了這種全球化的語言。

英國的喜劇演員伊薩（Eddie Izzard），在全球各地都有很成功的演出，而且他設身處地去體會觀眾的感受。譬如，如果碰到美國觀眾就會聊一聊巧克力棒或是棒棒糖，還會以KitKat當作例子，因爲這個品牌對美國觀眾而言很熟悉。

幾年前我到史瓦濟蘭工作也發現這個問題，所以就開始了解當地的文化。在網站上我試圖找出當地人最喜歡的電影明星，卻看到格蘭特（Richard E. Grant）的一句話：「史瓦濟蘭沒有電影。」眞糟糕！如果我連阿湯哥（Tom Cruise）的電影都找不到，那要用什麼話題和觀眾互動呢？還好，格蘭特提供了答案，但也是一道難解的謎。格蘭特製作一部電影叫做《哇哇歲月》（*Wah-Wah*），我的好友伊姆瑞（Celia Imrie）也出現在電影裡，於是我打電話給他，還看了這部電影，終於塡補對當地文化的空白。

性別差異

根據觀眾的性別而調整簡報內容是大家都懂的事。兩性之間確實有不同的動機，他們也以不同的方式吸收訊息。

喜劇演員麥高恩（Alistair McGowan）在成名之前，我曾經請他在我們公司聖誕晚會上表演。當時，他從門縫中觀察員工以及表演場地，便告訴我：「我想告訴你，我有許多女性觀眾！」他的表演都與運動有關，但考慮我的女性同事無法了解這些話題，於是重新規劃表演節目。身爲喜劇演員，他很清楚要隨機應變，從過程中學習特殊經驗。

根據心理學，男性感興趣的是事實和統計，而女性偏愛故事、趣事和隱喻的事物。而且，男性會用運動場的隱喻表示「休息時間」到了，男性也容易在談話中加入運動用語，但這些都無法吸引女性。同樣道理，當你創造與觀眾的共鳴之後，下一步就是要讓他們覺得你傳遞的訊息很有趣、很重要。

傳遞訊息

如果魔術師把手帕變不見了，可能會得到一些禮貌性的掌聲。如果魔術師改而向觀眾借來手錶，就會引起觀眾注意，因為觀眾會感覺變魔術的過程中他們也參與其中。最重要的是，散場後觀眾還會繼續談論這件事。

在這個階段，最關鍵的就是魔術法則第四條：「**大腦會過濾所接收到的訊息，而且只會留下它覺得最重要的部分。**」

心理學家對大腦每秒吸收多少訊息看法不同，但一致的論點是，大腦只能保留這些訊息一小部分，而且大腦在同一時間能處理十六到四十件訊息，但受到資訊不斷轟炸的影響，這種不均衡還會更加惡化。想一想，你買一部新車或更換手機要花多少時間。

最近我的車子年度檢查到期了，以前幫我做車檢的中心已經歇業，於是我必須另找他處，奇妙的事發生了，我在住家附近轉角處發現一個招牌寫著：「汽車檢驗與全面維修中心」。過去十年我經過這地方無數次，卻都視而不見，因為那時對我而言並不重要，但以前常去的那家汽車檢驗中心關閉了，所以這一家就變成很重要的地方。事物常在顯而易見之處被忽略了，正如魔術法則第十五條：「**過度熟悉會導致視而不見。**」

英國傳奇魔術師巴格拉斯（David Berglas）是當代最偉大的魔術大師，除了會魔術還會訓練像警察般的觀察技巧。他曾經讚揚「手錶試驗」的表演，你也可以跟著我做：不要看著你的手錶。請告訴我，「你的手錶用的是羅馬數字或阿拉伯數字，還是其他顯示方式？」儘管許多人每天都戴著手錶，但他們都不知道如何回答這個問題。讓他們看看手錶找出答案，接著再問下一題。

「你的手錶有幾種功能？這些功能會出現在錶面什麼位置？」即使剛剛才看過手錶，許多人仍然無法說出顯示日期的位置或其他功能的位置。讓他們看看手錶找出答案，接著再問下一題。

「你的手錶是二手貨嗎？」有些人甚至不確定自己的手錶是不是二手貨，但如果他們很自信的回答了，便可以追問下一個問題。

「你的手錶秒針是跳動方式，還是慢慢移動？」（裝電池的還是機械錶）讓他們看一看手錶找出答案，繼續問下一題。

「請問現在幾點？」他們才看過自己的手錶二、三次，可是大多數人還是無法告訴你現在幾點。這就是沒有注意到問題，正如巴格拉斯所說：「你看了，卻沒有眞正看見（視而不見）。」

手錶試驗的最後結果：戴著手錶錶面是羅馬數字的人，比較容易做出正確回答，因爲羅馬數字的字型都不一樣。若是如此，請他們指出手錶錶面上「4」的位置在哪裡，他們很可能指向「Ⅳ」這個位置，因爲「Ⅳ」是他們習慣使用的字型，然而羅馬數字的手錶表示「4」的字型大都是「IIII」。

表達訊息的重要性

你必須讓觀眾覺得訊息很重要，最直接的方法就是讓他們覺得訊息是針對他個人，也就是他們最喜歡聽的題材。所以魔術師會向觀眾借用可以作爲表演的物件，進而變出具有關聯性的禮物或創造魔術表演的高潮，譬如變出公司的標誌或是猜出某位觀眾的姓名、出生日期。

我的魔術表演都是採取去頭截尾的談話方式進行，而且提出一些我在簡報訓練班的例子。我喜歡參加孩子學校的募款會，這種活動都會有一個主題或是特殊焦點，因而會讓人感覺這些活動是針對特定人士而舉行。

參加學校的募款餐會時，我會拿出一副紙牌要大家從中挑選紙牌，最後只剩下梅花3那幾張，於是我就秀給大家看這個結果跟我早先預測的是否吻合。我的手法相當靈巧，但又怎樣？就像任何人都可以預測明天的天氣，沒什麼特殊可言。

但如果我手中的每張紙牌都是學校老師的照片，而不是普通紙牌的圖像，這時大家就會感到興致勃勃，每個人都希望他們最喜歡的老師會被選中。其實這也是捉弄人的把戲，但這一招卻很管用，因爲大家會玩得很愉快。

決定最佳方法

「你喜歡撲克牌魔術嗎？」

「不喜歡，我討厭撲克牌魔術！」

「好吧，我只秀這一張牌給你看。」

他讓我看數字3的紙牌。

我不喜歡凱雷達先生。

要用什麼方法來回應特殊的觀眾呢？他們會欣賞載歌載舞的簡報方式嗎？或者會表示：「沒關係，只給我事實就可以。」這很難判斷。通常只從事單調乏味工作的人才會喜歡勁歌熱舞的簡報，而從事知識性工作的人比較喜歡平淡無奇的簡報。

每個人都有自己的思維方式，大多數人是視覺思維型，有些人則是聽覺思維，少數人則屬於感覺和情緒的動覺思維型（運動知覺型）。視覺思維型的人利用圖片思考，對於顏色了如指掌，他們會經常說：「讓我來畫一張圖……。」聽覺思維的人則對聲音很了解，但也很容易分心，他們會慢慢的說：「請你聽一聽……。」動覺思維型的人則藉由身體的感覺思考，他們對衣著、座位和燈光很在意，說話的方式會是：「你穿那件衣服舒服嗎？」或是說：「穿活潑一點吧！」

所以關鍵是，你的溝通方式要與觀眾的思維相吻合，才能迅速建立互動關係。你會發現，最好應付的就是沒有特別想法的人。我有一位富翁客戶，他是某家金融服務公司的創辦人。有一次我看到他望著兩張寫滿小字的紙張在苦惱，還有一次看到他被要求做簡單的心算，卻像驚慌的小白兔一樣。但是若讓他看圖表以及描述圖表的文字，他立刻顯現燦爛的面容。

做簡報最大的難題是，你的觀眾涵蓋各種不同思維的人。所以要記住：魔術法則第十二條：「**感官會提供五種不同的感覺給大腦**。」為了能向每位觀眾分享簡報內容，你必須以五種感官去刺激他們。除了運用視覺、聽覺和觸覺之外，還可以運用嗅覺和味覺。前三項是最常用的方式，但後兩種也能激起觀眾的興致。譬如，只要被含有檸檬成分的清潔劑清洗過，一定變得超乾淨。請你想像一下：咬一口檸檬，讓檸檬汁稍微沾到嘴唇，我打賭你的味蕾一定會大開。

你的觀眾最喜歡什麼媒介？他們期待 PowerPoint 的簡報，還是喜歡其他媒介？如果他們期待用 PowerPoint，那麼你就不要使用 PowerPoint，因爲這樣會表現出你的不同，但也有可能因此激怒觀眾。無論如何，你要用哪一種媒介做簡報都要考慮觀眾的想法。要思考的是，使用哪一種媒介才能創造影響力。

互動的工具

好產品都有賣點，所以優秀的魔術師都能受邀到充滿魅力的拉斯維加斯表演。但魔術師也了解，最好的魔術表演常常是在道具最少、臨時搭建的舞台上完成。

其實，和觀眾最好的溝通方式往往不是輔助工具，而是簡報者的聲音、眼神和身體語言。但還是有一些最常用、觀眾最習慣的輔助工具，是你必須熟練的。

PowerPoint

根據研究，資訊透過五官傳達到大腦的占比是：八三％透過視覺、一一％透過聽覺、六%來自其他感官。而透過聽覺獲得的資訊能保留一〇%，經由視覺被保留在大腦的資訊高達五〇%。

我們不必太關心這些占比，只要了解與觀眾互動、傳遞訊息的過程，視覺占有很重要的關鍵。現在都能輕易獲得 PowerPoint 簡報軟體，但也常常衍生很多問題。「被 PowerPoint 整死了！」是大家耳熟能詳的一句話，在商業界這個問題尤其嚴重。我常告訴學員，還有其他做簡報的工具，不一定要使用 PowerPoint。

我相信 PowerPoint 是很好的輔助工具，但充其量只是一種輔助工具，它本身並不是目的。我跟學員說：「你才是簡報的主角，PowerPoint 只不過是配角。」爲了恰當使用 PowerPoint，你必須先了解它的缺陷，研究顯示它有七種瑕疵：

瑕疵一：反客爲主。觀眾會緊盯著 PowerPoint 上的文字，簡報者反而成爲配角，除非使用動畫吸引觀眾注意你的簡報重點，否則你就無法達到魔術法則第五條：「**必須有單一的焦點才能集中注意力**。」

瑕疵二：設計過於僵化。PowerPoint 無法及時反映觀眾的問題也無法適應現場氛圍。它是一串項目符號顯現在投影片上，這是不好的訊息傳遞方法。譬如，我曾經在簡報中借用邱吉爾的名句：「我們會在沙灘上擊敗他們」來傳遞我的信息。當我模仿海灘登陸、沙丘等等元素時都以投影片出現，可是卻無法和我的簡報節奏一致，最後結果很不理想。

瑕疵三：給外行人設計。在沒有 PowerPoint 的年代，我們使用三十五釐米的幻燈片。我們從有專業素養的供應商那裡購買，至少可以保證有一定的品質管制，但 PowerPoint 是由自己動手做，表示任何事情都可能發生。

瑕疵四：提供所有東西。這一點是 PowerPoint 的最大瑕疵，而且是最大的麻煩製造者。它可以當作視覺輔助或簡報者的重要提示工具，也可以拿去印製講義、當作可攜式的檔案、可以上傳的檔案，以及其他各種不同用途。但麻煩的是，每一項用途都必須用個別方式加以處理。

瑕疵五：破壞商業性對話。PowerPoint 的格式最後導致的只是彼此間的表達行爲，而不是彼此之間討論，有時候關掉投影片直接和觀眾互動反而比較好。

瑕疵六：麻煩製造者。做簡報時有些緊張是好事，但應該擔心的是你的表達能力，而不是那些輔助做簡報的工具。麻煩的是，簡報的內容無法聚焦而影響結果，投注心力撰稿、編輯和校正都白費了。所以一定要清楚了解，你才是跟觀眾互動的主角，PowerPoint 只是配角。

瑕疵七：看起來都一樣。魔術法則第十五條：「**過度熟悉會導致視而不見。**」簡報要有影響力，就要有不同的做法或是做出冒險。可惜在這一方面，PowerPoint 不能如我們所願，因爲我們的簡報看起來都大同小異。

其實問題的根源在於，PowerPoint 內建許多方便的工具，譬如自動強化版面設計、各種色彩和字體變化。請切記：PowerPoint 的角色就像是節目主持人，當觀衆一眼看到它，就想起曾經看過的簡報格式。請注意魔術法則第一條：「**溝通的內容是由觀衆的期望和感受所決定。**」

我有一位顧客堅持不用 PowerPoint，因爲做簡報的方式與衆不同，讓他的公司與其他競爭者很不一樣。但我還是要重申，只要正確使用 PowerPoint 還是可以成爲了不起的輔助工具。它可以幫助簡報者表達內容、反覆提醒，可以自己動手做簡報、加快速度節省成本，觀衆容易理解，也能讓你隨身攜帶檔案，但這些好處也是造成 PowerPoint 會出狀況的原因。

所以 PowerPoint 的成功與否，大部分由它的使用者來決定。會運用的人加上有先見之明，它會是很了不起的輔助工具，尤其是表達重要的視覺圖像時。

始作俑者

造成 PowerPoint 瑕疵的始作俑者，就是發明者奧斯汀（Dennis Austin）和蓋斯金斯（Bob Gaskins）。他們是在一九八七年發明這項產品，當初稱爲「簡報家」（Presenter）。那一年稍後，他們以一千四百萬美元賣給微軟公司。產品瑕疵問題在第一次使用時就發現了，原因是，設計時違背了簡報原則。我的看法是，PowerPoint 太強調科技層面卻沒有足夠的實際測試。

讓 PowerPoint 為你工作

關鍵就是把它擺在適當的地方。這個道理淺顯易懂，卻很容易忘記。我有一位經營顧問公司、經驗豐富的學員，她在商場打滾三十年卻發現自己的簡報技巧越來越糟。她說：「我覺得個人的特色在做簡報時不見了，而且還出現前所未有的緊張。」

觀看她做簡報後我立即明白，她是被 PowerPoint 牽著走，而不是當作她的輔助工具。她的力氣和焦點應當集中在與觀眾互動、理解觀眾需求，但她卻分心在下一張投影片以及何時要更換投影片，或是因爲電腦擺放位置不對而無法看到螢幕內容，最後壓抑身體語言的表達。

這位喜歡跟我打招呼的顧問，美麗動人、善於溝通、精力充沛，最後竟然變成像機器人一樣做簡報。她忍受做簡報的不適而不是享受樂趣，她的簡報內容不再引人注目或是被記得。

她很困惑問題出在哪？我可以告訴她，但如果靠她自己找出問題（魔術法則第十九條：**人們會依賴自己找出的方法。**）效果會更好。於是我請她再來一次，但是不要使用 PowerPoint。她驚訝的看著我，好像在說：「這樣要怎麼做簡報？」我看到她對於簡報的主題相當熟練，所以鼓勵她再一次做簡報，那一刻我看到她美麗動人、善於溝通、精力充沛的身影又回來了。她掌握了一切，做自己的主人而不是被投影片和簡報格式推著走。

這件事幫助她了解，哪些地方確實需要用到 PowerPoint。譬如視覺化強的圖像就要用到 PowerPoint，以便很快的傳達訊息。此外，一些比較常用的圖表可以組合在一起，在 PowerPoint 上一次呈現出來。或是像簡報的大綱，可以透過 PowerPoint 讓觀眾一目了然。所以我們並沒有完全放棄 PowerPoint，只是需要做很多編輯工作、刪除許多用語，保留能幫助做簡報的投影片。

PowerPoint 替代物

如果你不知道 PowerPoint 是否適用於某個特殊簡報，或是心中有疑慮，覺得沒有 PowerPoint 可能會好些，我的建議是：

- 在不用輔助工具之下閱讀簡報草稿。
- 確認哪些地方需要借助視覺輔助工具。
- 考量每一個個案，需要借助哪些視覺輔助工具。而且在沒有預設立場下思考最理想的簡報方式，譬如新車發表會的簡報，如果你覺得最理想的方式是在現場安排一輛車，那麼就堅持去做，上奇廣告（Saatchi & Saatchi）就真的這麼做，所以沒什麼事是不可能的。

- 如果從各方面來看，確實需要用到 PowerPoint，而且你會用盡辦法表達真正想要說的內容。
- 不過，有些情形用其他輔助工具才能讓你的簡報顯得自然，譬如：道具、圖片，和互動式動作。

需要長時間熟練 PowerPoint 才能建立自己的簡報風格，但有些人捨棄 PowerPoint 之後，才讓自己更引人注目。魔術法則第十三條：「**最初和最後都要被觀衆記得。**」與此大有關聯。接著，我要講沒有使用 PowerPoint 做簡報的情形。

背包裡的玻璃瓶

我的會計師建議我開立銀行新帳戶，但也提醒我，我的公司正處於轉型期，有很多未知數，所以爲了博得銀行對我的信賴，要讓他們知道我有哪些重量級客戶。於是我將重要客戶的名字寫在一張紙上，準備讓銀行經理看一看，但他並沒有眼睛爲之一亮，即使我的那些客戶眞的都是大名鼎鼎，但我申請的新帳戶還是沒有通過。

於是我將客戶的詳細資料裝進背包，再次到銀行找他們經理。我說：「讓我告訴你，我的客戶是誰？」我伸手到背包裡取出一瓶柯克本（Cockburn）公司出廠，特別典藏的波特葡萄甜酒，接著又取出哈維（Harvey）公司出產的香醇雪梨酒、蓋默（Gaymer）公司出品的Olde English Cider。這一招不免讓人想起魔術界傳奇人物古柏，他從一條管子變出馬丁尼等瓶瓶罐罐的魔術戲碼，最後堆得滿桌都是名酒。

「就像你現在看到的，我有很多重要客戶都是從事飲料業。」我跟這位銀行經理說：「我也代表新加坡旅遊局，還幫一家全國性廣播公司做公關。」他看了桌上的酒，很訝異我是否還會從背包裡拿出什麼東西。我已經打破他的行爲模式，從來沒有人用這種方式跟他打交道，最後也達成我的目的。

布蘭森的推銷術

維珍航空創辦人布蘭森（Richard Branson）的推銷術，幫助了某家廣告代理商，因爲他們一直採取慣用手法在準備簡報，後來有人提問：「我們要從哪裡想出推銷術呢？」馬上有人回應：「從布蘭森那裡！」這個答案讓他們開始思考實用的推銷術。其實這是普通常識，大家都知道布蘭森在倫敦的荷蘭公園（Holland Park）附近有兩間大房子，其中一間當作住家，另外一間是工作室。而且這兩間寬敞的大房子都保持得非常舒適的住家型裝潢，頗有質感。

於是，這個工作團隊最後得出一個結論，他們可能就像坐在起居間的沙發上，看到和 PowerPoint 有關的螢幕和放映機感到很不自在，與布蘭森的風格不協調。於是他們採用布蘭森居家的加框照片再加上行銷企劃，最後贏得那筆生意。

對瑞士村民的說服術

有一次，我出差到瑞士主持一個簡報訓練班，依照慣例，我要求學員帶以前做過的簡報來上課。有一位女學員說，她的簡報都是在訪問瑞士鄉村社區時做的。在當地，開會的場所在任何地方都可以，甚至常常在室外進行，所以 PowerPoint 不是很好的輔助工具。她還說，她做那些簡報的目的是讓鄉村居民知道，最近幾年他們所獲得的援助是什麼，同時也教他們如何將這些援助做到最佳運用。

她說，做這些簡報是要讓鄉村居民了解，他們獲得的援助不斷在增加，但又不能講得很直接。這位女學員用很簡單的卡片，顯示村民每年所得到的援助。她還將卡片貼在牆上，從左按順序一路貼到右，簡報結束後，卡片已經從一牆延續到另一道牆。她在簡報時並沒有明說，但觀眾都很清楚看到和了解村民獲得的援助數量。

我們可以從這個故事學到，要回答什麼是最佳的簡報工具和風格，最直截了當的答案就是：**「只要能幫助你把事情原委說清楚講明白，就是最佳的簡報工具。」**

白板和簡報架

首先要先問自己，爲什麼使用白板、簡報架做簡報，而不是PowerPoint呢？是因爲必須使用比電腦螢幕更大但比投影機螢幕更小的螢幕嗎？還是因爲在當時情況，這些科技產品尚未出現或是不適用呢？使用白板應注意事項：

- 白板數量有限（白板越多，搬運時就越困難。）
- 白板具有視覺影像效果。
- 事先知道簡報場地大小，以及有多少觀眾參加（你不能改變白板的尺寸。）
- 想藉助白板秀你的簡報功力，讓觀眾有不一樣的選擇。

這些都可能是使用白板、簡報架的理由，但大部分理由是要以單一重點作爲訴求，而不是運用不同的視覺圖像讓觀衆分心。

用影片做簡報

有人認爲用影片做簡報是最糟糕的方法，但有些財務人員卻認爲這是最被期待的做法，可以讓觀眾獲得更詳細的資料。可是用影片做簡報的問題很多，包括：沒有焦點、觀眾跳躍式了解訊息，以及簡報者和觀眾不會出現眼神交會。

如果你的處境最好使用影片做簡報，就不要抗拒。我曾經與從事財務的顧客找出兩全其美的方法。不過我建議，影片不要讓在簡報未結束之前就進行。你可以清楚的描述，讓觀眾知道可以從影片中獲得什麼訊息，他們就不必煩惱要做筆記。

掛圖

有些探討簡報技巧的書籍宣稱：「掛圖已無用武之地了！」多年前，有一位朋友和我將最佳簡報模式加以理論化，我們發現掛圖當作簡報的輔助工具還是具有彌補的作用。其重要性在於，可與簡報更密切配合，還可以讓觀眾參與。人們可能相信你的想法，那是因爲他們參與了發想的過程。有些保守的簡報指導講師常常忽略使用掛圖，認爲這種輔助工具太不正式了。但如果我們能審慎、有節制的使用掛圖，這種輔助工具還是有其優點。

做簡報前你可能將關鍵字隱藏在掛圖的空白處，尤其魔術師很清楚這一點，他們常用鉛筆在紙上做記號。我稱這是「善意的欺編」，雖然你說謊，但是有正當理由才這麼做。

幻燈機、錄音機和投影機

你一定難以接受，在這個時候提出使用35毫米幻燈機是一個好理由，但如果幻燈機可以幫助你講出重點，就不妨試一試。我最後使用幻燈機的理由是，我要求學員要學會各種輔助工具的技術，以免遭遇突發狀況不知所措。

我看過一位年輕公關主管，在找不到電腦錄音檔案後改用小型揚聲器才播出聲音。本來是想提升簡報品質，卻造成推拖延宕，弄得她焦躁不安。我建議的替代方式就是拿出桌下的攜帶型錄音機，按下開關，錄音帶就會大聲、清楚的播出聲音。舊式錄音帶的妙處在於，只要隨時準備錄音機，需要時就能取而代之。

此外，單槍投影機可能是很合適的輔助工具。如果做簡報時想要與觀眾多一點互動交流，單槍投影機就能達到這個效果。

創造好氣氛

你可以藉著裝飾簡報空間，提升簡報時的好氣氛。這是我從飲料業學習到的。許多酒類飲料的品牌和種類，都是具有季節性的銷售形態。而我們的挑戰就是要在不同季節做發表會，促銷酒類飲料的活動。所以冬季就要舉辦夏季酒類新品發表會和促銷活動，此時要做的是，找到一個美麗的鄉村花園當作背景。

要行銷晚餐後用酒時，我會將燈光轉為比較暗，點上燭光，把大長桌移到牆邊，這樣就能吸引年輕族群的消費者。我們選擇新酒發表會的場所是採取會員制的夜店 Groucho Club，這個場所是倫敦年輕人最熱門的聚會場所，雖然是俱樂部卻和傳統紳士俱樂部寶馬（Pall Mall）迥然不同。選擇 Groucho Club 作為新酒發表會的場地，本身就是一種強烈的定位，將有助於更強化商品所帶來的年輕訊息。

讓想法更鮮活

如果你在表達一種尚未發展成形的想法或概念時，務必要製作一個雛型（Prototype）。這麼做就表示，你的想法或概念可以被人了解。如果這麼做，你的概念就幾乎真的已經實現了，而且不僅只是一個想像的片段而已。正如上發條的收音機發明人貝利斯（Trevor Bayliss）所說：「如果說一張圖片等於一千個字彙，那麼一個雛型就有一百萬字的價值。」

有一位重要客戶告訴我，他捐出大筆金錢贊助紐西蘭黑衫軍橄欖球隊，卻無法讓旗下的啤酒品牌與球隊合作，他感到很挫折。這件事情發生在很多品牌搶搭發行限量版風潮之前好幾年，我首先發想的是全黑啤酒瓶的限量發行，在當時是相當新奇的一招。我認為這是相當棒的想法，希望這種想法能產生最大的影響力。

當我製造了黑色啤酒瓶時，我的客戶臉上散發出既高興又興奮的笑容，他的員工都伸手渴望觸摸那隻全黑色的啤酒瓶。我秀出雛型，比起只是談概念或是畫一張草圖更具有說服力。我還將啤酒瓶的背後標籤改成黑衫軍隊員的卡通漫畫圖像，這麼一改，不僅讓全黑色酒瓶限量發行，還讓客戶的啤酒品牌和黑衫軍橄欖球隊結合在一起。

製造意外高潮在魔術圈非常熱門，魔術師藉此可以製造精采絕倫的表演。只是，你製造高潮的同一時間，觀眾就會期待另一個更令人驚豔的高潮。就像我提到黑色啤酒瓶的例子，雛型不必做得很完美，也許初看會覺得有點粗糙，好像說：「來吧！把我再改變一些，別讓我只是這個樣子！」即使只是尚未具體成型的概念，還是應該給它命名。命名的工作就是賦予這項想法和概念「生命」，這樣會使它就像是眞的一樣，可以隨時準備上路。

結合媒體

要選擇哪種輔助工具，依據的標準就是：是否能協助你講故事。其實，只要將輔助工具擺在一起就能夠凝聚效果，如果能調和輔助工具、配置得宜，就能讓你擁有最適宜的輔助工具，因應每一項工作還能吸引觀眾的注意力，這就是魔術法則第十一條：「**要藉著不斷的變化來維持注意力，藉此縮短心理時間。**」

此外，影視剪輯的影響力和節奏速度也很有優勢，但前提是，影視剪輯必須簡短、有彈性，而且容易操作。如果做簡報時播放的影視剪輯做不好，就很容易變成一道障礙，而不是幫助你做簡報。

切記！永遠都要想到如何與觀衆互動，你要思考，有沒有在客觀、不侵犯觀衆的前提下讓他們與你充分交流，而使用簡報架或單槍投影機只是短暫改變現場氣氛，讓觀衆專心聽你做簡報。

平板電腦

現在討論平板電腦作爲簡報工具的功效，似乎太早了。到目前爲止，人們都是將它當作炫耀品和遊戲機在使用。我認爲平板電腦太小了，無法有效的當作簡報輔助工具。不過，我還是看到平板電腦對未來做簡報會有助益。

POINT

決定告訴觀眾哪些內容或選擇什麼輔助工具之前，你都要先深入考量觀眾的想法。

3／觀眾的注意力

厲害的魔術師都有簡要、清楚的目標：能將一位女性鋸成一半，能將自由女神像變消失。這些魔術的技巧能總結一句話：觀眾看完表演之後能烙下深刻的記憶，還談論不休。

聚焦的力量

魔術法則第五條：**「必須有單一的焦點才能集中注意力。」**透過身體語言聚焦表演，對魔術師而言非常重要，因爲魔術師要在對的時間、對的地方受到觀衆的注目。本章就是要從心理觀點，討論如何讓觀衆專注於你的簡報。

首先，你必須很精確的界定目標。要傳遞重大訊息？說服觀衆採取行動？娛樂觀衆？用隱喻還是顯而易見的方式？許多做簡報者都沒有考慮，觀衆聽完簡報後會做什麼、想什麼。有些簡報者的表達能力很好、內容豐富，但沒什麼用處，因爲他的簡報缺少明確的目標。

如果目標清楚，你就會有評估簡報成果的依據。而且清楚的目標能引導你，做出正確的簡報內容。設定目標前要問自己：會感動我嗎？能讓目標達成嗎？也就是說，「你想要觀衆離開時還記得什麼？」這個問題的關鍵就是魔術法則第四條：「**大腦會過濾所接收到的訊息，而且只會留下它覺得最重要的部分。**」

如果你告訴別人一大堆事情，他們可能什麼都不記得，但你只告訴一件重大事情，他們就會記得。因爲你只給他們一個聚焦的重點。因此，你必須從心理層面創造「單一的聚焦重點」（單一的簡單訊息），理想的方式是，你要有一個重大的要點，並且圍繞著這個重點聚焦。準備簡報內容就是要聚焦，事前的演練以及製作輔助工具也應該如此。

聚焦單一事物需要很大的自律，每一個人都喜歡談論自己感興趣的事情，但大部分事物都非常複雜也具有多樣性，所以很難加以簡化爲單一訊息。我花了許多年重新整理複雜的資料，轉換成簡明扼要的總論，但還是覺得這個工作很難，或許你可以和我一樣採取「電梯訊息法」。

單一的簡單訊息（譯注：以下簡稱「單簡訊」）的訣竅，具有三項重要特性：

（一）簡單。

（二）不一樣、獨特性。

（三）能激發詳細內容。

根據單簡訊原則做出最佳簡報的例子，就是蘋果公司推出 MacBook Air 的發表會。因爲這款電腦非常複雜、功能多，而且都與科技專業術語有關。但是，賈伯斯（Steve Jobs）做簡報時只聚焦一個重點：這是世界上最薄的電腦。當他在新產品發表會場上說：「這是什麼？簡單一句話：全世界最薄的電腦。」此時此刻，「最薄」兩個字成爲簡報的核心。MacBook Air 的案例具有高度特殊性也非常簡單扼要，而且完全吻合第三項要素：「能激發詳細內容」。賈伯斯的說法，也讓大衆進一步討論晶片、記憶體等科技進步的狀況，以及該款電腦在軟體上的優勢。所有優勢就以「最薄」的電腦這個名號最具有影響力，引發消費者「必須去看一看」的想法。

確立你的單簡訊原則後，還必須建構簡報的架構與進行步調。賈伯斯的簡報清楚傳達「全世界最薄的電腦」，而且還一再反覆提及，並呈現在簡報螢幕上。螢幕上的所有圖像都是與「最薄」產品有關，而 MacBook Air 和其他競爭品牌的厚度都是以公釐來形容，而不是用「薄」這個字眼來描述。此外，賈伯斯是從牛皮紙袋抽出 MacBook Air，強調這款筆電最輕最薄。

賈伯斯是運用魔術法則第十九條：「**人們會依賴自己找出的方法。**」他使用紙袋這一招，表達根本無需我檢視 MacBook Air 到底有多麼輕薄，你自己就能找出答案，而且會感到無比驚訝。

簡報的最初和最後

在八〇年代享譽電視和拉斯維加斯的魔術師杜布森（Wayne Dobson），在魔術圈演說時暢談他開場表演的訣竅。他不只告訴我們要如何表現技巧，還告訴我們為什麼他要表演這一項節目，以及為什麼將這項表演安排在開場時。他說：「我想要讓他們喜歡我。一旦他們喜歡我，我就知道在這場魔術秀都能搞定他們。」

當你聚焦一個目標，與你最想讓觀眾記得的事情之後，就可以開始規劃簡報的架構。按照傳統的看法，必須讓觀眾的注意力在你做簡報過程中逐步上升，到最後達到最精采的高潮。事實上，這種方式可能讓簡報者和觀眾覺得有點受不了，所以比較實際的方式是，讓觀眾的注意力像波濤洶湧的「巨浪曲線」一樣，先讓觀眾的注意力逐漸上升，然後又讓他們的注意力降低一些，然後再增強一些，又接著緩和一下，最後才把他們的注意力帶到最精采的高潮時刻。

傳統魔術的做法就像「巨浪曲線」的操作方式。一開始，表演者只是要一些小把戲，放鬆一下，接著是稍微高明的把戲，最後才是展現壓軸的戲法。在表演將近結束的時刻，注意力微微消失之際，這時魔術師又把觀眾的注意力帶回到他的身上。然後才跟大家道一聲晚安明天見。

像這樣的表演模式也被魔術理論作家內恩（Henning Nelms）所採用，但這是相當過時的想法，最近出現的觀點是，如果從一開始就吸引觀眾，你就能從容度過後續的表演，而且幾乎可以為所欲為。反之，如果一開始就搞砸了，那麼你後面的表演將一路追趕，而且無法出現你想要的精采、高潮時刻。

這跟魔術法則第十三條關係密切：**「最初和最後都要被觀眾記得。」**除了魔術師杜布森之外，搖滾樂團也非常熟悉魔術法則第十三條，而且有些眞是不可思議的雷同。這些搖滾樂團都知道，一開始就有大量的表演和最熱門的搖滾樂曲演出，到了中場之後他們要怎麼做都不會有問題，而且觀眾還會帶著美好的回憶離開音樂會場。

所以，做簡報時必須致力於最初和最後部分，這兩部分的重要性遠遠超過其他部分。因為這兩部分是最容易被記得，因此要密集的演練，而且必須小心謹慎、精緻細膩的準備這兩部分。

獲得觀眾的注意力

如果擔心簡報開始之際不知如何獲得觀衆的注意力，那麼請先想像：你面對一個吵雜的環境，觀衆對你沒有什麼期待，他們都在閒聊交談，簡報時間被安排在用餐時間，簡報室的外面有些陰暗，即使你暫時克服這些問題，卻每隔十分鐘就要面臨同樣狀況。

這些情景都是在宴會場做逐桌社交表演的魔術師經常遇到的場面，而且這些表演是他們少有的固定收入來源。因此他們能以各種方法獲得觀衆的注意力，譬如透過表演丟削鉛筆刀的小把戲，或運用心理層面、很複雜的技法。

俗話說：「如果你想告訴他們什麼，就直接說出來，然後再說一次。」因此，**必須坦率陳述你的目標，讓觀衆了解他們來聽你做簡報的理由**。但是，你要帶著能發揮影響力的決心去做這件事，也必須打破觀衆的行爲模式，讓他們感到驚奇。

打破行為模式

觀衆會期待你訂出進程並按表操課，而且還要語帶幽默詼諧。但如果你只滿足他們這些期待，又會被認爲你做的簡報跟他們所聽過的沒有兩樣，這時他們就會保持靜默，不採取行動。這時觀衆會進入放鬆狀態，而你要做的則是刺激他們、抓住他們的注意力。你有兩個方法可做。

首先，你可以做點不一樣的事情。譬如：說一些不禮貌的事情或是引起爭論的議題，或是承諾將有很特別的東西馬上上場，或是製作令觀衆好奇的怪異舞台道具或輔助工具。任何方式都可以，只要讓他們想：「好吧，我並不期待什麼，但是這傢伙也許值得一聽。」你的目的就達成了。

你也可以做一些能與觀衆互動的行爲，譬如：要求觀衆針對某個特殊問題舉手表決。當你積極向觀衆拋出問題的時候，就能與他們產生直接而迅速的溝通交流。這個方法能讓彼此的感覺親切，所產生的成果還能讓你有信心繼續做簡報。

避開地雷

如果想要成爲不一樣的人，你的簡報就應該能創造出令人深思不已的驚奇，但還是要和主題相扣，不能讓人覺得不知所云，否則在關鍵時刻說的話都會變得毫無價值。

朋友告訴我一則故事，一位參加金融服務會議的簡報者帶著一顆包心菜上台，立即引起現場觀衆的好奇。他繼續做簡報，完全不提與包心菜有關的事。這時每個人都在想，他一定會提出與包心菜有關的重點。當他做結論時，仍然沒有提到與包心菜有關的事情。於是便有觀衆提問包心菜的事，他只是回答：「這顆包心菜究竟要做什麼？」「什麼包心菜？」

整個過程總是引起一陣哄堂笑聲。

於是我問朋友，那一次演講的重點是什麼。他回答：「我不知道，我不記得了！」那位簡報者獲得觀衆的注意力，但觀衆對包心菜的注意力卻分散了對簡報者的注意力，最後證明那顆包心菜是毫無意義的舞台道具。簡報者失敗了，我這位朋友也不知道他的名字、不知道簡報的主題是什麼，更別說內容了。

把問題丟給觀衆

除非你問對問題，否則可能不利於你，而不是幫你的忙。我曾經看過一位美國加州的魔術師，在倫敦的國際魔術會議廳爲一個家族表演特別節目。這位魔術師在開始時脫序說：「有一位大家都知道的魔術師，他的名字叫做哈利，他的姓氏是什麼呢？」就在他搖晃身體等待觀衆回應時，坐在前方的小男生大聲叫道：「胡迪尼！」這是向魔術大師哈利．胡迪尼（Harry Houdini）致意最好的方式。

我曾經看過一位簡報者，也以這樣的問題做開場白：「現場有誰喜歡滑雪？」結果沒有人舉手，因此他準備六張以滑雪作爲視覺的投影片便一無用處。這位簡報者的運氣眞是很背，但他的衰運還遠不如我曾經在一艘船上，看到一位品牌經理在會議上的簡報。這位女性品牌經理一開始便請觀衆說出個人所喜愛的品牌，蘋果、索尼、維京……，觀衆的答案此起彼落。「請你們說出最痛恨的品牌，」女性品牌經理說。這時坐在後排的一位男性說：「你們公司的品牌！」因爲這位男性觀眾曾經與這位品牌經理代理的公司有過不愉快，這位品牌經理原本希望有一個好開始，結果竟是一路衰到底。

所以，你要如何做才能搞定觀眾呢？切記魔術法第十三條：「**最初和最後都要被觀眾記得**。」你不會原本希望與觀眾溝通交流，最後卻演變成與觀眾越來越疏遠。以「把問題丟給觀眾」這件事而言，開始的時候如果打算採用舉手表決法，可是沒有人覺得這是好方法，你就不要冒風險。此外，你回答問題時要盡可能謹慎，亦即：你知道確切的答案才回答問題。會讓你驚慌的是，需要謹慎的程度到底有多大。

理想的狀況是，你提出的問題是你自己可以處理的，不管觀眾回答的內容是什麼，換言之就是：

・如果觀眾答對，你就說：「沒錯！你說對了。但是大多數人的想法是……。」（他們會感覺很好。）

・如果他們答錯，你就說：「這是大多數人的想法，事實上，答案是……。」（他們並不覺得很糟糕，還會引起興趣。）譬如，我討論做簡報時要如何克服緊張的主題時，我可能會這麼問：「哪一位在觀眾面前說話會緊張？請舉手。」

・我認為會有很多人舉手，尤其當我再三保證不會要求他們上場說話。於是我會告訴他們：不要擔心，大部分人上台說話都會緊張，即使英國前首相布萊爾也是如此，我現在要教你們怎麼做就可以減少緊張。

・如果只有少數人舉手，我就會說：你們很幸運。接著再討論他們在職業生涯早期，或是在特殊場合發生緊張的事情，以及如何克服緊張。

不尋常的舞台道具

舞台道具會讓觀眾覺得簡報很有意思，而且連你都會很高興，很有信心的運用它。但是，沒有比心不在焉的使用舞台道具更糟糕的事，因爲連簡報者都會對此感到不舒服。所以，**如果你發現哪一種舞台道具可以幫助你，讓你的簡報與眾不同又令人印象深刻，就將那個道具弄大一點，醒目一點**。而且，要好好的規劃並事前演練。你也要好好製作這個道具，擺在適當位置，不用時就移開它，讓觀眾將注意焦點轉到你身上。

有一次，我到一家公司針對員工獎勵方式做簡報。當時我想到之前提到的，帶著一顆包心菜上台的那位簡報者的故事。那一次，我也是評審委員。剛接案時，該公司並沒有事先說清楚到底要做哪方面的簡報，簡報的架構都是由他們撰寫的。而且，通篇簡報架構的主題枯燥乏味，僅是一些要或不要的獎勵條目。這個差事的確讓我在創造和表達創意簡報上，無法發揮影響力和提升我的聲譽。所以，我要求該公司的負責主管選出一項重點，真正想講清楚的是什麼。這位女性主管表示，重點在於要求應徵者不要再提交全塞滿剪報的資料，評審根本沒有時間去閱讀，那些資料很笨重，連儲存和搬運都很困難。

所以，我上台做簡報時帶了一個廚房磅秤，這個動作打破了觀衆的行爲模式，他們所預期的是我只會談投影片的問題。我坦率的表達了一大堆事情，盡可能以簡要具體的語言表達我的重點。當我說：「最後，我們有一個衡量媒體報導的特殊工具。」我知道，這種講法備受公關人員的歡迎，他們對類似的衡量方式相當敏感。我又說：「這個磅秤就是了！」

當我用磅秤秤那些剪報文件時，現場的觀衆看起來有些吃驚。我還宣布最大部頭和最厚重資料的得獎者，我又說：「這只是開玩笑。」接著，我讓他們想像一下某個場景：八月炎熱的天氣，在同樣這個房間裡堆滿箱子，而且每一個箱子都需要審愼的審閱，以便找出錄用者。這時，枯燥的簡報會場發出陣陣笑聲。很多人說：他們很喜歡我的巧妙安排，以後會更用心處理剪報內容。

沒什麼好笑的題材

我們是否應該以笑話作爲簡報的開場白？這個問題可以肯定回答：「不必如此！」理由是：

（一）精采絕妙的笑話是一門藝術也是一種特殊才能，需要事前密集磨練。

（二）處在政治正確的年代，笑話是否有趣或可能冒犯他人，這個界線很難分辨，需要考慮觀眾的組成分子以及當地文化。

任職於英國赫福郡大學（Hertfordshire University）的魔術圈會員魏斯曼（Richard Wiseman），曾經從心理層面研究笑話。他說，與聖誕節相關的笑話普遍都不好笑，因爲很神聖所以並不好笑。他又說，不管你說的是哪一種笑話，並不是每個人都會發現那則笑話很好笑，結果就會把整個會場分成兩半。不過，運用笑話可以和觀眾形成親密連結。

經驗豐富的喜劇演員都非常了解，對某些觀眾、某種情況下產生的笑話效果，並不必然適合運用到其他觀眾身上。布瑞頓（Noel Britten）是頗有天分的相聲演員，他分享其個人與喜劇同行的心得：講笑話時若無法讓人笑出來時，要盡快扭轉尷尬的場面，並趁此區分他的觀眾並找出最佳方法贏得笑聲。

現在就讓我們討論可以挽回觀眾笑聲的訣竅。請先想像一下：你運用笑話當作簡報開場白，觀眾卻沒有笑，這時你有什麼感受？要如何扭轉場面，並講完簡報內容呢？幽默風趣自有它的作用，不過重要的是，如果觀眾不笑就要找出解決的方法。譬如，當我解釋魔術法則第五條：「**必須有單一的焦點才能集中注意力。**」我所談的是，最厲害的魔術師如何讓觀眾專注在紙牌遊戲。

當我把紙牌放在腹股溝部位時，我就說道：「你們不想把目光聚焦在下面這個部位吧？」此話一出，通常引來一陣笑聲，或至少是一陣傻笑。如果不是這樣，那也很好。因為你要迅速移動到下一個方向，讓觀眾的眼睛往上移動看到你的臉部，就是聚焦的重點。順便一提，如果這一招讓他們笑了，就幫自己將觀眾做了區分。

開場白

一旦你熟悉溝通交流的奧妙之處，你可能會考慮在簡報的開場白再多加進一些表演。開場白是指：開始主要內容之前所製造的氣氛。舉個例子，做簡報前我都會用一個小花招，譬如從整本電話簿中預測一個電話號碼，我會對觀眾說：「重點不是要讓你們猜出我是如何辦到的，而是要藉此介紹如何將魔術法則運用到商業溝通！」

觀眾是可以立即溝通的，他們也享受這種過程，而且會留下深刻的印象。我也因此累積專業聲譽，也體現魔術法則第十九條：「**人們會依賴自己找出的方法。**」這一招也讓觀眾仔細聽我說話，在腦裡對我烙下深刻印記。所以每當我要談論重要事情時，他們都會全神貫注的聽我說話。

保持觀眾的注意力

文森（Michael Vincent）是成就非凡的紙牌魔術師，當有人需要一位紙牌魔術師時，他都是第一位被經紀人、演講籌辦人、電視製作人，和魔術供應商找上門的人。不過，儘管他的紙牌把戲才華洋溢，但基於多年的經驗，他知道善用變化之道，以掌握觀眾的注意力，達到最佳效果。

一旦獲得觀眾的注意力，你還必須讓他們繼續保持下去，而且必須縮減時間去達成這件事。魔術法則第十一條：「**要藉著不斷的變化來維持注意力，藉此縮短心理時間。**」我跟犯罪小說家詹姆士（Peter James）是好朋友，他的暢銷作品通常都是一百二十五個章節，閱讀他的小說都有很強烈的節奏感，常常會一口氣讀完一個章節才罷休。同樣的道理，電視新聞節目如果沒有變化就不會維持太久，譬如你會聽到電視主播說：「現在把畫面轉到現場特派員。」這種移動、變化和伴隨而來的畫面和聲音調整，都是要讓觀眾保持注意力。

三的魔力

當你將內容「切割」成一小部分之後，你就可以從「三的魔力」受益無窮。生命是由三在統馭，我們有「三隻小豬」、「三個願望」和「三位一體」的說法。三的節奏感很有意思，訊息若分成兩個部分，就會讓我們猜想可能會有第三部分。但是，訊息若分成四個部分會覺得過度沉重。

我在研究這項原則的時候了解，爲什麼我們說英國人、愛爾蘭人和蘇格蘭人的政治不正確的笑話時，並沒有提到威爾斯人。如果我們說：「有一個英國人，一個愛爾蘭人，一個蘇格蘭人和一個威爾斯人。」這句話顯然缺少重要的節奏感，而且讓人覺得承載的訊息太多了。

美國總統歐巴馬非常佩服美國前總統甘迺迪的演說，其實甘迺迪很多演講稿都是出自索仁森（Ted Sorenson）之手，這位大作家非常相信「三的魔力」。歐巴馬了解箇中堂奧，在他首任就職演說中就有引用「三的魔力」：

「我今天站在這裡，面對眼前的工作深感惶恐；面對你們賦與我的信任，我深表感謝；同時，面對我們祖先的犧牲奉獻，我不敢忘懷。」

「家庭沒了，工作失去了，生意也垮了。」

「今天我要告訴大家，我們所面對的挑戰是真實的、很嚴重，而且非常多。」

簡報的高潮時刻

沒有比表演結束時出現觀眾高呼：「哇塞！」更能創造魔力的，將結束時刻變得很特別，對運用把戲或花俏戲碼的成功與否都攸關重大，而且也因為這樣，觀眾才會記住並成為事後談論的話題。

切記魔術法則第十三條：「**最初和最後都要被觀眾記得。**」所以你的簡報精采高潮處需要有所規劃。最精采的高潮時刻不只是一個結束，要確保最輝煌的高潮時刻，表達能力就非常重要，但是規劃簡報架構時一定要先考慮三個因素：

（一）指出即將結束簡報。你可以說：「結束之前，我……」這句話可以喚醒觀眾，或讓他們的注意力再專注起來。

（二）訊息去蕪存菁的技巧。要求觀眾採取行動的呼籲，也就是聽完簡報之後，你要觀眾去做或去想事情是什麼。

（三）請賜予掌聲的提示。確實做到結束時表達得很明確，而不是聲音逐漸變弱或是小聲咕噥的說：「這是我所有的一切……」就此結束。而是要給觀眾暗示，就是讓觀眾明確知道你即將做結論了。

理想的情形是，應該做出顯而易見的動作。譬如，將你的聲音升高，只要簡單的說：「各位女士先生，謝謝你們……」此外，你還需要以暗示手法提示觀眾賜予掌聲。如果最後你被問道：「只有這樣嗎？」那你的簡報就失敗了。當然，還有其他因素參雜其中，那就是「問答時間」。這部分也要看成是簡報的一部分。「問答時間」如何掌控，出狀況的問題很多，在第十四章會深入探討。

掌控全場

審慎規劃簡報中最精采的高潮時刻，讓你有機會可以控管簡報的兩個最重要部分：最初和最後。魔術法則第十三條：「**最初和最後都要被觀眾記得**。」因為簡報中玩把戲能否成功，完全要看能否在觀眾「哇塞」時刻完美執行那項把戲。魔術師都非常機靈，知道表演高潮都需要經過特別的安排。如果製造高潮時間的訣竅是，要靠一副正面全部朝下的紙牌來達成，魔術師將會猶豫不決，不敢讓現場的自願觀眾幫忙，因為這位觀眾在挑出紙牌時，可能冷漠、含糊不清的說：「是的，這是對的牌。」

為了創造一個美好的高潮時刻，你所需要的是單一的聚焦重點。紙牌和上台的人，都要同時顯現出有活力、興奮，而且聲音和揭露時機都要密切配合、充分協調，但這對上台幫忙的緊張觀眾而言，實在是過分期待。所以我在訓練商業人士做簡報時都會強調，不管多麼花俏都要注意安排高潮的時機。

意外的結局

一旦熟練製造高潮的巧妙安排，你就可以考慮應用魔術師所稱的：創造「意外的結局」，亦即：當觀眾已經看到相當棒的結束時，你必須還有後續，甚至更勝一籌的演出繼續呈現。魔術表演很典型的意外結局，可能有讀心術的效果，也就是魔術師事前做出預測，並將該預測的內容投進一個信封袋，在高潮來臨之前，那個信封袋就公開展現在眾人的眼前，而且沒有人去碰觸它。接著，魔術師隨意說出一些數字，再將那些數字加總並要求觀眾檢視。然後，再次打開那個信封袋，顯示先前所預測的數字是完全正確的。意外發展出來的高潮在這個當下，就在魔術師等著接受掌聲時，他將剛才所提示的數字，每二個數字之間就劃上一條斜線，於是，那些隨意選上的數字加總剛好就是當天日期的數字。

從賈伯斯在 MacBook Air 上市發表會的表現，可以看出他非常擅長製造簡報中意外顯現的高潮。他圍繞著「全世界最薄的筆電」這句話，道出一段故事。他在螢幕上打出一張非常簡單、很薄的長方形投影片，展現 Sony TZ 系列筆電的微薄程度。當時，Sony TZ 是最薄的筆電，接著，賈伯斯將 MacBook Air 筆電覆蓋上去，藉以突顯這款新筆電的厚度非常薄。當這項資訊被觀衆了解並報以熱烈的掌聲之後，簡報意外發展出一波新高潮，就在他宣稱：「我想在此指出一些事情，MacBook Air 的輕薄程度還要比 Sony TZ 系列中最薄的筆電更輕薄；我們在此談的，就是『薄』這個問題。」就在賈伯斯說這段話的時候，現場螢幕上的圖像就一直圍繞著這一點，清清楚楚的呈現出來。

我建議你，要避免太過於聰明，以至於太早就秀出能產生意外的精采高潮。而且，你也只能順其自然的運用這一招。在正常情形下做簡報，所產生的精采、高潮時刻，理所當然要夠強烈。但是，如果你眞的能再度提升精采、高潮的程度，就只有使出意外發展出來的結局。

POINT

了解人類的思維以及其侷限，並加以運用在做簡報，是一件令人興奮的事，還可以將這些轉化為對你有利的優勢。

撰寫簡報草稿

撰寫簡報草稿時必須取法自然、順應自然。草稿的重要性就像是你得了嚴重的感冒，卻還必須外出做簡報。或是，在大好的日子外出做簡報，即興的表演不但讓觀眾很滿意，自己也收穫不少。

簡報草稿常會讓人產生疑慮，以爲會讓他們只是背誦固定版本的稿子，而無自由發揮的空間。然而，事先規劃簡報的內容與用語非常重要，因爲簡報若要發揮影響力，內容就要去蕪存菁。

常常有一些朋友在接到邀請演講或做簡報時，會找我提供意見，我通常能感受到他們的疑慮，而我的回答是：「你不知道自己要說什麼，對不對？」他們的回答總是：「不是！

我很忙，我眞的沒時間事前演練，而且我是在火車上寫了簡報內容。」除非你的運氣旺到不行，否則缺少準備的下場會很難堪。

如果有所謂成功的簡報祕訣的話，那就是：你要知道自己要說什麼？這是再明顯不過了，可是有太多人就是一頭霧水，完全不知道要說些什麼。部分問題在於，他們看那些頂級的脫口秀諧星康納利（Billy Connolly）、依查得（Eddie Izzard）、威廉斯（Robin Williams）的表演，這些人都有長期的脫口秀表演經驗，但是看起來似乎是隨時編、隨時講。

事實上，如果你注意看他們幾位的夜間表演就會發現，他們所表演的內容相當類似，也有明顯的錯誤。如果他們眞的來一段現場即興表演，那是因爲他們是天才，或是他們有很多表演內容的架構。如果他們看到可以來一段即興表演的機會，就會跳出原先所預定的架構，因爲他們自信可以輕易的又回到原先設定的架構。

請切記：經驗豐富的諧星，通常都備有一大堆即興表演的戲碼，所以他們都能超乎你的想像，非常沉穩的站在表演舞台。對簡報者而言，事前在簡報架構下功夫，簡報的節奏、要強調的重點，以及巧妙的暗示都將讓結果迥然不同。偶爾上台做簡報的人，所遇到的困境在於他們不知道這些事實，他們自誇能說、能搞笑，甚至還自欺的以爲，即興表演可以讓別人認爲他是可信、眞誠的。更糟的是，他們自以爲可以享受此種挑戰的滋味，還對自己的即興表演自吹自擂。我要再次重申，如果有成功做簡報的祕訣，那就是：**你要知道自**

己要說什麼？成功的根源就是做到簡潔、自信和平實的表達。

慎重規劃你要說的內容還有另一個好理由。許多人發現，很難知道何時、如何做好簡報的結尾。他們可能擔心演講時會緊張，但一旦開始做簡報就會繼續講下去，而且還會超過時間，最後變成漫談並相當突然的戛然而止。事實上，做結論的部分需要一個審慎的架構，正如我們在第三章所看到的魔術法則第十三條所提到的。

注意觀眾的感受

魔術師都是為了觀眾的視覺感受而編寫劇本，甚至因為他們通常在非常短暫的時間內就開始另一項新的表演，並即時透過觀眾的反應了解效果如何。所以魔術師對於對話與簡報之間的差異性了然於心。

當你採用簡報的方式要清楚說明某件事就會有壓力，因爲要吸引觀衆注意不了解的東西很困難，所以做簡報的用字遣詞要簡單明瞭。所以你在撰寫簡報內容時要大聲唸出，才能達到用字精練明確，而且能保有語言的通俗性。儘管現在電子郵件和網路聊天的語言已經改變書寫方式，但在我們的書寫格式時仍然保有掩飾式的語言，譬如：「在下文中」、

「前面提到的」。這些雖然都適合做爲簡報的語言，卻很少出現在日常交談中，所以聽簡報的觀衆會感到不自然。

《白宮風雲》（*The West Wing*）影集的傳奇性編劇家索金（Aaron Sorkin），就大力主張在撰寫時要大聲唸出那些語詞。他說：「我在寫劇本時會站起來朗誦。」這也許能說明爲什麼《白宮風雲》許多場景是主角沿著走廊走路時交談的畫面。將所寫的文字大聲唸出來能幫助你找出哪些是饒舌的，這些語詞若放在書本並無傷大雅，但是當你大聲唸出來就變得拗口。我最近在一場簡報中放進一段沒有大聲唸出來的文字，當我準備說「不一致」這個字時，嘴巴就是唸不出來，雖然大腦已經將這個字送到嘴邊，但我知道不應該使用這個字。回家後我對自己說：「今天眞的遇上麻煩了！」

撰寫時大聲唸出來還有其他好處：能避免用了錯別字。當你處在壓力下時，大腦和嘴巴沒辦法維持協調，心裡想說的，到了嘴邊就會詞不達意。英國廣播公司有一位老練的主播在介紹文化大臣杭特（Jeremy Hunt）時就說錯話。如果你能爲一個難字找到另外一個替代字，就能解除潛在的炸彈。**使用容易說、容易了解的語言，另一個好處就是觀衆能夠將你的訊息傳遞給別人**。如果你嚴格遵守「單簡訊」方法，就會有成功機會。

影響觀眾的用語

備受推崇的魔術理論專家歐茲（Darwin Ortiz）曾說：「觀眾很容易被搞迷糊，但不容易被騙。」觀眾可以立即看出其中的異狀，卻無法了解簡單的指示指的究竟是什麼。當觀眾被邀請上台協助魔術師時，原本混淆的思緒可能因緊張而更加嚴重。魔術師的最高原則就是用語簡潔不矛盾，如果觀眾了解魔術表演的進程就願意協助你完成表演。

撰寫簡報內容時要考慮觀眾的感受，不用拘泥文法結構，且要將最重要的詞彙放在句子的最前面，譬如：

應該說：「降低成本增加生產是我們需要的！」而不是：「我們需要降低成本和增加生產！」

應該說：「炭排放量已經增加一五%，這是根據網際綠色研究機構的最新研究結果。」而不是說：「根據網際綠色研究機構最新研究結果顯示，炭排放量已經增加一五%。」

此外，要常常使用字彙「你」。這樣觀眾會感受他們被包括在內、感受事情很重要，更會專注你的簡報內容。另外，跑、去、推、拉，這些字眼可以振奮觀眾。

最佳的簡報內容能產生「字中有畫」的效果。表示這樣的語言更有效率，你的觀眾能夠「看到」和「聽到」你所說的內容。「字中有畫」的意思是使人腦海裡浮現，帶著畫筆和畫架的藝術家。有一個例子是接受我簡報訓練的一位公關主管，他拿了一張參加比賽獲得《金融時報》（*Financial Times*）報導的剪報當作投影片內容，做簡報前他說：「這是一張獲得世界盃的報導照片。」因此從一張很普通的新聞報導，轉變成一張贏得世界盃、充滿狂歡氣氛的照片。

魔術師巧妙安排「字中有畫」以增加影響力，同時也克服歐茲認爲觀眾會被弄得一頭霧水的情形。當你要求觀眾伸出援手時，你會發現觀眾出現不一樣的反應，少之又少的人願意配合魔術師的要求。但若是你說：「請伸出你的手，像奧立佛（Oliver Twist，編按：小說《孤雛淚》裡的小男孩）那樣！」觀眾通常都會在第一次就配合要求。

強而有力的字眼會增強影響力，所以應該避免柔弱的字眼，譬如：可能、希望、打算、試著，這些都是柔弱的字眼，不要出現在簡報中。一位接受我簡報訓練的行銷主管聲稱：「我正在試著開發新產品」，於是我問他：「你的『試著』是什麼意思？」他說，因爲他都還沒開始。我說：「我希望聽到的是，你正積極的從事新產品的開發。」「試著」（trying）這個字眼暗藏可能會失敗。

大多數的用字都可以強化影響力，只要做簡報前加入心思。譬如，如果我們遇到「問題」，最好改口說正在接受「挑戰」，因爲聽者會讚美你的勇氣。如果你說某些事自己「可以處理」，倒不如說「可以達成」。這種強而有力的原則，也可以運用到表達某事的「程度」，譬如，與其使用「至少」不如使用「更多」或是「超過」都更好。

這讓我想起某家我曾參與的廣播公司，他們播音員的用字遣詞都有強大的魔力。那家廣播公司開播前六個月，我曾讚歎這家電台的超級發射機高達五十萬瓦特輸出功率。後來有一位播音員告訴我，他們想要針對高輸出功率這件事情大作文章，增加廣告效果，不久我就聽到熱情的播音員大聲宣布：「這裡是大西洋電台二五二，我們的輸出功率五十萬瓦特，發射台高度是艾菲爾鐵塔的兩倍！」

使用「力道強勁」的字眼，是區分簡報和單純日常交談的重要因素。簡報的風格最根本之處在於需要升高一兩個音符，使得表達時比單純交談來得清楚、具體、直截了當。但要切記，每個字彙的力道強度會隨著時代的推移而有變化。我曾經認爲「挑戰」比「問題」這個字彙的力道強勁，可是金融圈的朋友告訴我，由於景氣嚴重衰退，有更多人認爲所遭遇的問題叫做挑戰，因此「挑戰」這個字眼成爲陳腔濫調。此外，有些人不懂如何使用押韻的句子，其實若巧妙運用可以讓簡報內容更易於記憶，譬如凱撒大帝說：「我來、我見、我征服」。

不要用否定字

魔術師都會從觀眾的腦海中創造焦點，但如果他們對上台當助手的觀眾下達不清楚的指令，魔術表演就會搞砸。若是魔術師用了否定句，譬如「不要移動一步」，就會傳達兩個焦點。上台的那位觀眾首先會想到「移動」，接著又想到「不可以」，但若是下達「絕對靜止」，這樣的指示就很明確。

否定句是很有趣的，因爲聽到否定句時必須先釐清思路才能確實了解。譬如，你要求一個小朋友端飲料過來，你可能會說：「不要打翻了」，結果他們很可能會打翻，因爲那個小朋友的腦海會這樣解讀訊息：首先，他接收到「打翻」這個字眼；其次，他接收到「不要」這個訊息時已經太晚了。如果是雙重否定句更會讓大腦混淆。倫敦市長強森（Boris Johnson）由於使用多重否定語「我無法不同意你更多。」而獲得不知所云的滑稽模仿獎。

避免否定句的辦法就是盡可能轉換成正面說法，**正面的敘述比較有效率，因爲我們都是以正面和圖像式的方式在思考**。譬如之前的例子：「不要打翻了」，改說：「拿好」。因爲後者的敘述有可以做的事，但前者除了否定的想法之外，什麼都沒有。當然也有例外：

（一）以對比的句型表達想法。譬如美國前總統甘迺迪說：「不要問國家能為你做什麼，而要問你能為國家做什麼。」

（二）以客觀、信任的否定句鋪陳想法。譬如：「不要買，除非你真的需要。」

（三）使用否定句是最不具效率的表達方法，但有些否定句已經牢牢嵌進我們的語言，雖然所隱含的否定意義已經消失，但大家還是喜歡使用。譬如：「難以忘懷的」似乎比「值得記憶的」來得有力量。

學校是我所見過應避免使用否定句的最佳個案，我兒子的期中報告出現這樣的評語：「你很努力達到成果，而且組織力很好，沒有『不成功』的。」我的孩子看到評語後哭了，因爲他看到「不成功」字眼。十一歲小朋友的腦中無法釐清眞正的訊息，其實他的老師眞正的意思是：這份期中報告做得很成功。

編校簡報

「如果不能增加，那就減少。」這句話一直都被最厲害的魔術師奉爲座右銘，也是他們吸引觀衆注意的重點。所以他們會嚴格刪減、修正表演節目以達到最佳內容，但魔術師還是會面臨如何篩選、捨棄的抉擇。

爲了達到眞正的簡潔有力，你必須刪減無法突顯重點的贅詞。魔術師的工作就是致力於吸引觀衆的注意力，所以他們會竭盡所能創造圓滿的結局，因此他們都很精通這項原則。

編輯的工作不容易，如何刪減內容牽涉到個人的喜好，電影製作人稱這個過程叫做「割愛」。他們必須思考如何刪減劇中的對白、布景，達到去蕪存菁。因此，觀看影片未被剪輯的部分頗具教育性，聽聽導演對那些被刪除部分的評價，可能會聽到這樣的評語：「這一段的對白眞美，兩位主角表達得非常完美。但是這一段無法讓故事行雲流水，因此必須刪掉。」如果你對自己創作的內容某部分有所疑慮，請想一想：保留這一段會讓整個故事如行雲流水般嗎？

我們做簡報時常會插進多餘、無必要的話語。在日常交談中這是可以接受的，因爲我們還有思考的時間，但是做簡報時會讓人覺得不耐煩。所以這也是爲什麼，做簡報前若沒準備妥善就無法獲得掌聲。你應該聽聽別人如何做簡報，想想若是自己上場會刪掉哪些多餘的話語，如何以更簡單、直接的語言表達。此外要記住，**那些最容易讓人記住、最雋永的語言都是很簡短**。主禱文只有七十一字，十誡也不過二百九十七字，林肯總統的蓋茨堡演說也只有二百七十一字。

做最後校訂

編輯、修訂的最後一項工作就是，檢視是否有無心引發的不適合、於事無補的感受。我曾在簡報訓練班談到某個電視節目被稱爲「遭到抱怨排行第二名的節目」。我的目的是要強調：這個節目收到大量抱怨。本來，我想用魔術手法弄出一幅憤怒觀眾將總機塞爆的圖像，卻造成我的觀眾糊塗：「遭到最多抱怨的是哪一個電視節目？」更糟糕的是還引發爭辯，模糊我原本打算強調的重點。

視覺化的輔助工具

魔術師可以相當熟練的運用顏色，喚起觀眾的圖像記憶。他們知道何時善用視覺輔助工具，也知道何時捨棄視覺輔助工具，以免造成分心。魔術界常強調「少即是多」，但表演街頭魔術和近景魔術時，視覺化的舞台道具卻減弱表演者的魅力。

在第二章介紹 PowerPoint 時我曾引用統計數據指出，視覺圖像在溝通方面的非凡魔力。人們是以正面和圖像方式在思考，如果你想告訴他們什麼事情，就必須先在他們腦裡轉化成圖像。所以用圖像方式展示給他們看，就能縮減認知過程。

有時候我被人問道：「如果視覺具有吸引力、保留訊息的特質，那麼使用圖像照片不是比使用文字更好？」我回答：「應該看哪一種技術最適合你的訊息傳達。」我覺得更務實的答案則是：你可以使用文字撰寫簡報，然後再考慮一些因素：

- 我的文字需要視覺工具的協助嗎？我曾看過簡報者口若懸河的描述美景，但如果給觀眾一張照片不是更直接。相反的，有些簡報者描繪的景緻令人一頭霧水，如果能出示一張照片，不是更好嗎！
- 我的文字可以澄清、解釋某件事嗎？如果你建議觀眾注意某些電視名人的魅力，但如果只是提到人名或描述他們的特質，觀眾可能很模糊甚至張冠李戴，但如果你秀出他們的照片就能一目了然。
- 可以運用圖片快速又有效的傳遞訊息嗎？如果顧客很多，要在投影片上呈現這些名單，不但耗時也枯燥乏味，但如果只呈現公司標誌就會變成一張悅目的投影片。
- 如果要以微笑或某種象徵，在觀眾腦海裡創造鮮活的圖像，要如何呈現呢？最好的方式就是順著主題。當我提出PowerPoint的七種瑕疵時，使用的就是「魔鬼與天使」的方法，就是：突顯好壞之間天壤之別的地方，同時指出「好」方法最後總是勝過「壞」方法，並鼓勵學員開發潛能，多多運用好方法。

·可以只使用輔助工具讓簡報內容鮮明嗎？巧妙的運用輔助工具，但不要為了使用而使用。有時候，「字中有畫」可以產生刺激，讓簡報更有效率。我曾經看過兩位簡報者，一位只是打上一張照片，另一位則先要求觀眾閉上眼睛，再告訴觀眾當時的場所、景象和聲音，結果是，第二位簡報者成功的傳達訊息。

何時不要使用視覺輔助工具

在某些情況下應該審慎的使用視覺輔助工具。我之前提過，必須加強簡報的編校以及去蕪存菁，同樣的道理也可以應用在使用視覺輔助工具。

測試某種視覺輔助工具是否能幫你傳播資訊，要看第三者而定。我曾經和一位講師共同主持三天的課程，他告訴我，在討論身分認同問題時會有很多枯燥的資訊與法律問題。所以他決定用湯姆·克魯斯的電影劇照，打算將課堂氣氛弄得生趣盎然。但秀出照片時，觀眾都沒有看過那一部電影，所以他又必須描述那部電影的情節。因此所說的與原先真正想說的話，脫離了一大截。他使用的輔助工具造成簡報減分，而不是加分效果。

切記，**有些東西就是無法以單一的視覺影像而得出結論**。我曾經指導一位擔任媒體監督機構的主管，他準備簡報「觀眾已經控制媒體」的主題，這下可好，這個觀念很可能無法以一張張圖片來傳達，但他決心要找出可以使用視覺圖像的解決辦法。於是他用了一段簡短影片，有一顆大型的飛彈在天空中繞著圈子轉動。我說：「那麼做並未說出『觀眾已經控制媒體』，它所表示的是『不在控制之內』，而且這麼做會引發觀眾不同的感受和聯想。」

視覺圖像三要點

（一）將視覺圖像調整到適合觀眾的尺寸。沒有比看不到圖像更糟糕的事，相反的，如果你的圖像太大不容易拿，就必須想到兩個問題：(1)為什麼這個圖像要這麼大？因為觀眾長得人高馬大？如果是，就將圖像變成投影圖像。圖像需要傳遞很多訊息？如果是，可否將訊息再分成更小的單元？(2)如何處理視覺圖像？

最重要的是，做簡報時如果要維持視覺圖像在那裡，該怎麼做？我看過一家著名出版商的主編做了一次非常好的簡報，他以一張特大的看板作為簡報核心，在還沒揭露看板之前就已經講得很不錯，但就不像看板揭露時那麼精采。為何會如此？因為他一直心繫那個看板，深怕看板會從會議桌上倒下來，結果講話就沒那麼專注，姿勢和動作也被限制了。

所以我建議他，在看板的背後加上一片簡單的懸垂重物。於是，視覺圖像就成了他的助力，而不是需要他出手相助的麻煩東西。

（二）我從魔術圈前主席波果那裡學到，如何使用粗體字書寫。他曾經說：「使用粗體字對視覺的重要性，遠甚於精確尺寸的字體。」這一段話是他在回應某位會員的提問時說的。那位會員有次準備到一家戲院做表演，所以準備一些上面寫了字的看板，他打算加大看板讓觀眾可以看清楚，但波果說：「不要那樣做，那樣太貴了，很難處理而且效果不彰。看板只要保持原來尺寸但要用粗體字，這樣戲院裡的觀眾就能看清楚。」

（三）不要讓視覺圖像左右你的簡報，有時少了圖像的簡報效果反而更好。

讓觀眾記憶鮮活

為什麼古柏死後二十五年仍然讓人追思不已、愛戴有加？然而，另一位魔術師旺得（Tommy Wonder）也是一位才氣出眾、很有創意的人，卻從來未曾成名呢？原因當然很多，但是古柏的土耳其氈帽則是讓觀眾印象深刻。

爲了讓觀眾確實記住，你必須一再反覆講述。魔術法則第十六條：「**要有深刻的影響力，就要將訊息轉化爲長期記憶。**」短期的記憶只能同時因應大約七件事，譬如：名字、信件和字彙。然而，一再重複將有助於把短期的記憶轉化爲成長期的記憶。爲了達到效果，重複需要採取隱密進行的方法，亦即：如果你保持不斷的反覆做同一件事情，你的觀衆很可能會記住，但會伴隨某一程度的煩躁。所以你必須找出方法，將反覆出現的訊息不著痕跡的加進你的簡報，像是每次總結觀點時加上一段摘要性的文字。

蘋果電腦的賈伯斯就是重複重點的大師，當年他在MacBook Air筆電發表會的簡報，傳達的單一簡單訊息就是「全世界最薄的筆電」。在開場白和每段暫時結束的片段，他都美妙的一再反覆出現「全世界最薄的筆電」。他使用反覆的技巧，一則當作分段節奏的工具，一則作爲製造觀衆掌聲喝采的時機。

採取隱密進行的方法，則是將我曾經討論的兩種技術密切結合在一起，那就是魔術法則第三條：**「溝通要奏效，內容就要是觀衆所知道的事物。」**再加上魔術法則第四條：**「大腦會過濾所接收到的訊息，而且只會留下它覺得最重要的部分。」**

輔助工具的差異性

爲了讓記憶保持鮮活，你必須更進一步深深烙印在觀衆的腦海中。這通常需要一些不同的輔助工具，而且那項輔助工具也必須非常簡單。以賈伯斯爲例：「全世界最薄的筆電」這句話創造了強烈的焦點，但是我認爲，恐怕就是抽出該筆電的那個信封袋，紮實的烙印在我們腦海裡，當然，那個信封袋在隨後的促銷廣告也一再出現。

正如我之前所說的，輔助工具通常都非常簡單，就像取出 MacBook Air 的那個信封袋一樣簡單。我們討論輔助工具的差異化問題，就是要幫助簡報者出人頭地，讓記憶留在觀眾腦海裡並產生某些聯想。這裡我要探討魔術法則第十五條：**「過度熟悉會導致視而不見。」**

當你推銷某種東西時，亦即跟許多競爭者爭取一筆生意時，突顯差異化是非常重要的。如果我的客戶需要公關顧問，我會建議他們在自己的所在地多參訪幾家公關顧問公司。我的客戶利用這種方式，參訪過許多不同的公關顧問公司，也看到不同的人員和文化。隔天，我打電話向他們詢問看法，他們對拜訪過的公關顧問公司都只記得一個人和一件事情，其他的事情就混淆在一起。造成這種情形的原因是因爲，那些公關顧問公司彼此之間沒有什麼差異性：一旦有某一家顧問公司採用一種簡單的輔助工具，讓那些可能變成新客戶的訪客，將該公司的印象烙印在腦海裡，那麼這家公司就有可能取得先機。

從事公關顧問這一行，我都會讓來訪的客戶對公司留下深刻的印象。並不是每家顧問公司都能像我們一樣，擁有一間可以向外看到倫敦塔的辦公室，此外，客戶會在我們的董事會議室看到原來屬於伊頓公學所有的艾爾頓．強（Elton John）的畫像。因此來訪的客人在離開時都會清楚記得，「這家公關公司有艾爾頓．強在他們的董事會議室」的印象。

爲了引導我的簡報訓練學員突顯個人的差異性，我告訴他們關於格瑞（Michael Grade）

的故事。格瑞是英國著名的電視公司高層主管，但是在美國他並沒有什麼知名度。隨後他到美國工作，便了解必須在美國娛樂圈建立個人特質。他的英國腔幫了大忙，有了一些區別，但關鍵性的重點還是非常簡單，他穿上紅色短襪突顯差異性。當時他的紅色短襪裝扮，從美國人看來確實相當具有英國的搞怪特色，所以他的個人特質便深深烙印在美國觀眾的腦海。他會叫觀眾站起來辨識，這些觀眾會說：「喔，我記得你，你就是穿紅色短襪的那個傢伙！」一切就這麼搞定了！

我在突顯個人特質的差異性做法，除了將魔術放進我的簡報訓練課程之外，就是在拜訪客戶推銷生意時所運用的工具。我想運用一些視覺輔助工具，卻不想做簡報時使用筆電，所以我創造了一個替代物。當他們邀請我描述所提供的東西時，我回應說：「我的大部分工作都是圍繞著簡報架，當我只跟一兩個人說話時，我就用迷你型的簡報架。」

後來，我就設計看來像是很標準的簡報架。我的例子可與任何品牌媲美，只是我的簡報架只有A4紙張大小，但反應很好，尤其是女性觀眾。她們問我從哪裡拿到那麼小的簡報架，以及她們如何可以拿到等等問題，後來很偶然我們第二次碰面，我還聽到有人說：「我聽過你的簡報架故事」，他們記得我，甚至會談論我，就是因爲那個簡單又迷你的簡報架。

POINT

簡報者給他的觀眾是一盤大雜燴，所以他要將那些配料調得很成功，增添美味。如果在合適的調味之外也注意到合乎食譜料理，那麼他的簡報就會很成功。

5／信念

「只有被說服的人才能說服別人」

——迪索爾（Max Dessoir），十九世紀末的魔術師

信念的問題，需要在溝通、表達階段就要去強調。無論如何，在建構簡報的架構之際就必須考慮到信念是非常根本的基石。

堅定信念

迪索爾可能會說：「你可以叫胡說八道的騙子滾遠一點！」或許他也能說得較優雅一些，採用當代魔術師文生（Michael Vincent）的說法。他告訴魔術圈的會員：你的恐懼在你的技術成熟之前，總是背叛你。」他要強調的重點是：你需要充滿自信。不管魔術師變把戲

的巧妙手法多麼高招，如果他的臉看來布滿要命的罪惡感，那麼這些巧手一點也沒用。

迪索爾鼓勵他的學生，要從自己最相信的事物去弄清楚要表達的訊息，這樣才會充分表現自信。這讓我想起以前推銷大眾市場飲料品牌的日子。當時有人會取笑我，問我在家裡是否只喝特定品牌的飲料。答案當然不是，但有些品牌的飲料太甜或是太淡，並不合我的口味，然而我感到自信的是，這些品牌的通路廣、得獎的廣告活動、市場的深刻認知，以及完美配方符合大眾市場的口味。所以我專注的重點就是傳遞這些訊息，而且我非常熱忱、真情，悄悄的將產品的這些特質表現出來。

做自己

堅定信心之前要先做自己。除非你已經是最棒的表演者，否則只能問問自己是否能做自己。所以不要去模仿別人，而是要讓自己的文字和動作都出自內心深處。你還可以將這個原則，藉著「讓一些光照在自己身上」而更向前一步。譬如談一談自己的私生活，觀眾會給你溫暖，你要傳達的內容將會更具說服力。

我常常在簡報訓練班看到學員透過魔術表演，展現「讓一些光照在自己身上」的好處。有些學員的商業簡報過於正式，用硬邦邦、沒有幽默感的方式表達，但他們認爲這種方式適合做商業性簡報，參加我的簡報訓練班後，他們的身體語言改變了，語調也不同了，臉上更是綻放著笑容。更重要的是，他們說的是自己的私事，大家也能感受原本賺錢機器的心靈變溫暖了，簡報內容也變得更具有說服力。

被魔術圈視為英雄的維農（Dan Vennon）曾經說：「如果他們喜歡你、把你當人看，那麼他們就會喜歡你所做的一切。」西班牙魔術界的領袖塔馬里斯（Juan Tamariz）附和說：「如果觀衆喜歡你、不會拆穿你，他們就是想要你成功。」

利用意外機會進行說服

做自己、努力培養開放的本性。魔術法則第十八條：「**懷疑會因為開放而減少，但也會因為過度強調而增加疑慮。**」

魔術師會利用機會讓觀衆檢視舞台道具，這麼做的理由是要讓觀衆有自由的選擇權，並詢問現場觀衆是否自願當幫手、是否想改變心意等等。他們似乎在出讓控制權，但事實上卻在強化他們的掌控，因為魔術師一直在創造堅定的信心。

這個方法可以適用於商業活動，譬如表達「有事都可以問我」、「放輕鬆逛，慢慢的看」、「可以跟我們的客戶說」等等殷勤致意的說辭。

由於表現的行為是這麼開放，所以你可以贏得他們的信任，無需更進一步的動作。第三者的保證就是明顯的說服者，你還可以更進一步採用這項原則，那就是魔術師所說的：「利用意外機會進行說服」。

魔術法則第十九條：「**人們會依賴自己找出的方法。**」一直存在於「意外出現的說服者」心中，他會在溝通中透過建議，讓觀眾自行做出結論。

舉例來說，如果魔術師在舞台上掉落了什麼東西，也許顯示他很笨拙，但也有可能他想要吸引觀眾的注意力，以一種很自然的方式專注在他的一隻手空空如也，而這隻手正是他要變出東西的手。更令人印象深刻的是，稍後從空空如也的那隻手變出東西。這麼做比魔術師公開聲明那隻手是空空的，更令人印象深刻。人性就是如此，你的大腦會相信你告訴它的任何事情，而質疑別人告訴它的話。

有一位名叫傅立曼（James Freedman）的魔術師，在推銷他的顧問服務生意時就很聰明的運用這項原則。他想，與其去跟潛在客戶開會，或是滔滔不絕的提出以前老客戶的名號，還不如運用意外的機會進行說服最有效。譬如，在跟客戶會面時藉故打開公事包，讓與會的人注意到公事包內檔案的背脊上標示著著名客戶的姓名，這樣比他口沫橫飛的方式更具說服力。

不能說服的人

魔術法則第十八條：**「懷疑會因爲開放而減少，但也會因爲過度強調而增加疑慮。」**因此要注意，不要過度強調。經驗不足的魔術師，會因爲在演出時說出：「我這裡有一副非常普通的紙牌」，而讓自己掉入陷阱。因爲此話一出，大多數的觀衆會以爲其中必有詐。如果想讓觀衆了解那副紙牌是正常的，也已經洗牌了，就可以請一位觀衆上台幫助切牌。依據魔術法則第十九條：**「觀衆會依賴他們自己找出的方法。」**而經驗不足的魔術師因爲太著墨於想要傳遞的資訊而造成失效。

轉到全自動

簡報時要將自己轉到全自動的狀況，才能達成最佳的說服目的。我的意思是，要像接待員或空服員一樣輕聲細語的招呼顧客，而且要像鸚鵡一再說同樣的話。如果做商業簡報只是用慣用方式介紹公司的證明書之類的內容，客戶會認爲你只是在照本宣科。

觀衆爲什麼要聽你做簡報？什麼因素鼓勵他們願意坐著聽你說話？我曾經在一家公司上班，該公司的總裁會自豪的說：「我們在倫敦、紐約和香港都有辦公室。」所以他每次做簡報都會說：「我們有辦公室在……。」可是紐約、香港辦公室對許多客戶而言毫無關係，他們要的是在地化的顧問公司。

以前我曾訓練一個簡報團隊，每個成員做簡報時都會提到：「很榮幸有這個機會……我感到無比興奮……」這句話很好也很合適，但是他們都以機械式又不帶感情的態度在表達，因此沒有感染作用，反而讓聽眾對後續的談話感到不耐煩。很顯然有人教他們要說出這一段話，但是他們卻不懂得將自己的語言融入場合氛圍。所以我們應該堅定信念、做自己，否則就不能展現自己最眞實的一面。同樣的，你的身體語言要與用字遣詞搭配得很好，譬如你說：「無比興奮……」但你說話的態度卻意興闌珊或語調平淡乏味，那是不會達成效果的。

自信

迪索爾曾經說：「不要將自己的水準定位比觀眾還低。」他還說：「穿著要跟觀眾一樣水準，或好一點的質感。」

他的忠告也很適合在商業簡報，重點是：跟觀眾溝通交流時如果顯得過於卑躬屈膝，就沒有個人的揮灑空間，你要與觀眾眼神交會並運用其他吸引人的方法。以我爲例，當我坦率的提議而受到顧客的致謝、讚揚與獲得報酬時，我就可以預見往後的生意機會，而且不曾因直率、高抬身價而遭到譴責。

給你另一個增添自信的忠告：每次做簡報時要積極、享受表達的樂趣。如果你這樣期待自己就能幫自己打氣加油，而且在做簡報時就會表現得很出色，真正的做自己。

POINT

帶著堅定的信念與顧客溝通，需要誠意、熱忱與鮮活的表達功夫，但為了達到確實的成果，你自己還需要好好的事前規劃。

6／準備 PowerPoint

熟悉 PowerPoint 使用技術後，還必須了解三項基本原則。首先，你需要一個經過設計的版型、清晰的檔案管理，以及資訊科技的支持。更重要的是，要確保 PowerPoint 能發揮功能協助做簡報，並避開電腦可能出現的問題。

三項原則

一、了解七種瑕疵

如果你能看出 PowerPoint 的七種瑕疵，了解這些瑕疵會造成的影響，以及知道如何輕而易舉的避開，就不會持續犯下那些錯誤。

最有效的方法就是觀察別人做簡報，如果能將七種瑕疵全都搞定，你就會得到一副絕妙好牌！

二、PowerPoint 的功能

PowerPoint 軟體有很多特色和使用工具，可以幫助你做簡報，問題是你要懂得使用這些優點。一旦清楚 PowerPoint 這些優點就能提升簡報力，甚至形成你的商業機密。

譬如，我詢問參加訓練課程的學員，如果做簡報時按下鍵盤的 B 鍵會發生什麼事？六十人中只有三個人知道。我說，按下 B 鍵螢幕會變成空白，而這正是簡報者最有用的工具之一。B 鍵的功能除了讓觀眾的注意力回到你身上，還能讓你減少分心，因爲你不會想讓十分鐘前的照片、圖表，仍然留在螢幕上。

三、最佳的簡報操作

其實，沒有發明 PowerPoint 之前已經有做簡報的原則，都還可以運用。那些原則放在現在比過去更重要，爲了確保簡報表現不會被現在的科技所難倒，你應該學習以前的簡報原則。

十種步驟

步驟一：避開電腦

PowerPoint 會建議你使用已設計好的版型，並提供「調色盤」讓你改變色彩。但是，別讓 PowerPoint 牽著你鼻子走，要將自己當作一名電影導演。身爲導演，在拿起攝影機之前就知道要說的故事。所以在你打開電腦之前就應該決定想要什麼，包括：視覺畫面、順序安排，都要有初步的底稿。

步驟二：主要目的

當你決定使用 PowerPoint，心中就要很清楚地知道主要用途是什麼？你要將 PowerPoint 當作視覺輔助工具、可以攜帶的檔案、傳遞訊息，或是全部都是？切記！要讓這些形形色色的訊息有效的發揮作用，每一樣內容就必需使用不同的方式處理。不過，你不必撰寫多種版本，稍後我會告訴你如何做。

步驟三：安排內容

開始撰寫內容前，請暫時離開電腦螢幕，只要用筆和紙將相關要素記下來，並想像一下，將簡報過程的起訖連成爲一張路徑圖。你希望觀衆達成什麼目的（目標）？並寫在紙張最上方，接著再寫起始點（現狀），也就是考慮觀衆目前的情況以及他們目前的感受，亦即：最希望觀衆採取的行動、改變購買習慣與認知。把這部分寫在紙張的最下方。這時，你會發現有三種情況。我以新產品上市、慈善捐獻、找工作爲例：

	①目的	②起始點
情況一	新產品要在兩年內達到五%市占率	在充滿商機的顧客群中，未聞這項產品
情況二	藉由短期捐獻，可以讓慈善團體獲得長期協助	新成立的慈善團體必須跟具有優勢、歷史的慈善團體競爭
情況三	尋找就業機會	工作經驗豐富，態度比其他應徵者成熟

這裡有兩個重點：第一、你的目的必須包括清楚的行動方針；第二、你對目標觀衆的起始點（現狀）的觀察要非常實際。譬如，如果你知道他們不喜歡你，那麼你就要誠實以對，並以這個作爲起始點。如果你不重視現實，就會走錯方向，也就不可能與觀衆溝通，也將達不到你的目的。

設定目的與起始點之後，接著還必須構思通往目的地所要經過的道路、途徑和橋梁，並克服障礙，之後，你就能從起始點到達你的目的地。因此，請將途中的道路、途徑和橋樑，再加入上面所提的目的地和起始點的路徑圖，就會呈現新的程序：

	①目的	③道路、途徑和橋樑		②起始點
情況一	新產品要在兩年內達到五%市占率	表示新產品缺乏競爭對手的創新能力	讓充滿商機的顧客了解產品的好處，並願意推薦他人	表揚充滿商機的顧客，吸引更多顧客	在充滿商機的顧客群中，未聞這項產品
情況二	藉由短期捐獻，可以讓慈善團體獲得長期協助	突顯慈善團體，觸動人心	讓觀眾願意除了捐款傳統慈善團體，也會考慮捐款新團體	找名氣響亮又年輕的人，擔任慈善團體的親善大使	新成立的慈善團體必須跟具有優勢、歷史的慈善團體競爭
情況三	尋找就業機會	突顯經歷	指出經歷的實際作用	證明自己的心態年輕，有第三者可背書	工作經驗豐富，態度比其他應徵者成熟

最後你還需要一個羅盤，引導你從起始點走向目的地。就是第三章討論過的「單簡訊」。如果你還沒有一個「單簡訊」，就要研究道路、途徑、橋樑的路徑圖概念，並想一想，要用什麼簡單、洗練的句子，構成容易記得的「單簡訊」。

切記！「單簡訊」就是讓你的觀眾和你走在簡報正軌的必要物件，就像是一個羅盤。一旦有「單簡訊」，請再加入前面提到的部分一併思考：

	①目的	③道路、途徑和橋梁			④單簡訊	②起始點
情況一	新產品要在兩年內達到五%市占率	表示新產品缺乏競爭對手的創新能力	讓充滿商機的顧客了解產品的好處，並願意推薦他人	表揚充滿商機的顧客，吸引更多顧客	每個人都想要我	在充滿商機的顧客群中，未聞這項產品
情況二	藉由短期捐獻，可以讓慈善團體獲得長期協助	突顯慈善團體，觸動人心	讓觀眾願意除了捐款傳統慈善團體，也會考慮捐款新團體	找名氣響亮又年輕的人，擔任慈善團體的親善大使	採取不一樣的方法，讓我跟別人不一樣	新成立的慈善團體必須跟具有優勢、歷史的慈善團體競爭
情況三	尋找就業機會	突顯經歷	指出經歷的實際作用	證明自己的心態年輕，有第三者可背書	我就是為這項工作量身訂做的人	工作經驗豐富，態度比其他應徵者成熟

情況一：單簡訊就是，目標的設定能為產品的定位取得保障地位。很少人聽過這種說法，所以觀眾會跟著最先採用該產品的消費者一起使用這項新產品。

情況二：單簡訊就是「做出差異化」的辭令，以便鼓舞人們捐獻慈善團體。尤其是要捐給舊的慈善團體之前要考慮新團體。而且這是長期性的幫助，不只是金錢捐輸而已。

情況三：單簡訊是讓自己成為被選擇的人。與其說在找一份工作，不如說想要做這個工作。

步驟四：撰寫簡報內容

讓我們假設你要做這些事情：

- 製作視覺輔助工具。
- 撰寫一份可以讓觀眾帶走的檔案。

記住這句格言：「投影片會成爲很差勁的資料，資料也會成爲很差勁的投影片。」因此你要對兩種形式的資料分別處理，但沒必要將同樣的事情做兩次，我的建議是，你可以從撰寫腳本開始：

(1) 打開備註區：要寬大。
(2) 寫入備註區。
(3) 將備註區的內容複製到投影片文稿區。
(4) 用關鍵字下標題。
(5) 整理後放回備註區。

這張圖表所列的五項，就是我在訓練學員時要他們使用投影片的要求：明確的用字遣詞。不過，當我逐字逐句寫下來後會變成這樣：

- 打開備註區：漂亮又寬大，使用箭頭、拉開投影片與備註區的工具。
- 寫入備註區（注意：在備註區作業比較容易撰寫內容）。
- 當備註區的內容經過修訂、確認之後，就直接複製到投影片文稿區（即 PowerPoint 的投影片文稿區）。
- 根據使用目的：透過編輯作業留下少數關鍵字，作為簡報的輔助工具；根據使用規劃放回備註區。

顯然會有太多的字詞都適合放在可以讀取的簡報投影片上，但是，如果你先在備註區撰寫初稿（備註區的位置，就位在 PowerPoint 投影片文稿區下方），先不必擔心下標題的問題。如果你要將這些文字複製到投影片文稿區，就會發現可以迅速又輕易的將它編輯，並挑選出最精簡的關鍵字句做標題。

表示你現在擁有兩個不同的版本，一個版本就是備註區的內容，你可以全部印出來當作可攜式的檔案，提供給現場的觀衆。另一份備註區文稿版本，則讓未親臨現場聆聽簡報的人了解內容。這是一魚兩吃、一次作業完成兩個不同版本的方法。

字的密度

使用 PowerPoint 作爲簡報的視覺輔助工具時，要透過編輯作業將螢幕字數縮減到最少。投影片只能作爲簡報者的輔助工具，而不是促銷工具。你要觀衆到現場做什麼？是要他們聽你簡報？還是讓他們坐在那裡讀投影片的文字、圖表？

如果投影片上有太多的重點符號，就會造成簡報者與觀衆之間的障礙。重點符號會讓簡報氣氛過於僵化，也太正式了。如果觀衆想趕快把那些重點符號看完，他們會因爲很吃力而產生挫折感。所以，重點符號的字體大約二十四級或更大，還要事前站到簡報會場最後一排，瞇著眼睛看一看是否容易閱讀。

接著要讓你看看，倫敦著名的溝通顧問公司的例子（公司的名字我已刪除）。這是不太好的簡報例子，卻是許多簡報常常出現的通病。這項簡報曾經用來做新生意的推銷，而且要求觀眾提供建議，告訴他們有哪些地方可以改善。

投影片（一）

完美酒店主人的基因

★與職能治療師合作，藉此發掘最傑出、領有執照者的技術和特色。

★根據資料，創造酒店主人的風格，以證明機會既多又廣。

★運用消費者研究作為參考資料，讓來酒店消費者可以看見好酒店主人具備的重要特徵。

★運用電視名人，將研究帶入生活領域。

★領有執照者擔任代言人，並當作個案例子。

我之前有提出一些問題：「爲什麼要使用灰色字體？」某家公司回答：「使用灰色有兩個好理由。因爲灰色是我們公司的顏色，我們總經理喜歡灰色。」我說：「灰色出現在電腦螢幕很好看，但是印出來就會變得軟弱無力。而且，當你使用投影機打在螢幕上，幾乎完全褪色。」我的建議是：將字體顏色調深！

此外，**投影片常常犯了字滿爲患的毛病**。簡報者可能說：「我們會與職能治療師合作，找出……。」但在螢幕上只需要提示重點就可以了，正如投影片二所顯示的簡要關鍵字：

投影片（二）

完美酒店主人的基因

★與職能治療師合作。
★創造酒店主人的風格。
★將消費者研究當作參考資料。
★聘用電視名人。
★任用領有執照的代言人。

事實上，也不一定非要像投影片（二）那樣，也可以做成像投影片（三）那樣簡潔明快：

投影片（三）

完美酒店主人的基因

★職能治療師。
★個人風格。
★消費者研究。
★電視名人。
★領有執照的代言人。

其實，**可以用不同的字體代表重點，觀衆就能一目了然**，但要注意，代表重點處的句子必須單獨一行，才能顯示它的重要性。此外還要注意，呈現投影片時觀衆都會先閱讀你要談論的內容，以職能治療師爲例，觀眾會因爲看到你又討論電視名人而分心，所以要運用一些動畫效果突顯主要重點。也可以讓觀眾先瀏覽簡報的重點有哪些，他們心裡先有個概念，再一一談論。

經過編輯之後，我們從投影片（一）轉成投影片（三）。在此之前，我們已經考慮加入視覺輔助工具，現在整個簡報會更加簡潔有力。

完美酒店主人的基因

★與職能治療師合作，藉此發掘最傑出、領有執照者的技術和特色。

★根據資料，創造酒店主人的風格，以證明機會既多又廣。

★運用消費者研究作為參考資料，讓來酒店消費者可以看見好酒店主人具備的重要特徵。

★運用電視名人，將研究帶入生活領域。

★領有執照者擔任代言人，並當作個案例子。

完美酒店主人的基因

★職能治療師。
★個人風格。
★消費者研究。
★電視名人。
★領有執照的代言人。

你可以將投影片（一）當作檔案版本，也可以將投影片（三）放在備註區。編輯方面若有疑慮，可以運用「T恤測試法」，看看在一件T恤上印多少字較能讓路人看清楚？

步驟五：背景

簡報內容的背景設計要保持單純和避免分心，而且要讓背景符合你的公司形象。此外，你希望觀眾專注在簡報內容，背景的設計就應該達到魔術師所謂的：「就心理學而言是看不到的！」也就是，背景清晰可見但不會造成觀眾只注意到那個背景。

另外，也要慎選顏色和色調並放進你公司的顏色，但不能犧牲簡報內容的可見度與易讀性。我常常看到人們用照片作爲簡報的背景，那個背景也許是美麗的海岸線，正好符合該公司要推銷的主題，譬如出售投資用的海外渡假房屋。

因此擺在前面的重點符號呈現得很好，因爲背後正好是藍藍的天，但往下的重點符號就比較不好閱讀，因爲背景已經變成深藍色的海水。結論的文字放在最下面，卻被布滿岩石的背景所掩蓋。當然，你可以改變重點符號的顏色，但是像這個例子就必須改用多種顏色，這麼做就會讓人分心。

人們常常將他們公司的標誌放在投影片的角落，這樣做可能讓人分心、煩心，甚至感覺遭到侵犯、干擾。如果你要將公司的標誌放上投影片，就要好好規劃位置。

步驟六：重點符號

・最多使用五個重點符號，而且只能有兩個層級。

避免使用陳腔濫調，不適合或含糊不清的重點符號都要避開。譬如，我常會用破折號來代替分號，直到有一天某人告訴我：「希望你不要用那些符號，我是受過會計師訓練的人，每一次看到都會想到是減號。」你可以將重點符號改爲你想要的，譬如公司的標誌，但我會建議你不要太花俏。

重點符號要小小的，但如果構圖複雜看起來就顯得模糊不清。就像背景一樣，運用重點符號時應該達到心理學上不存在的狀態，亦即：那些重點符號看起來很清楚，但不會太突兀而令人特別注意到它的存在。

- 重點符號的文字寫成一行會更具視覺效果，所以要刪除贅字，只留下最重要的關鍵字。

步驟七：動畫

關於動畫的問題，有一個簡單的法則：如果你用起來有所疑慮，就避開不去使用它。我在討論重點符號時，也曾探討過創造「單一的聚焦重點」的重要性。使用動畫時，一般也需要簡單的動畫。

在此，有很大的危險性可能會被 PowerPoint 牽著走，甚至被它騙了，因爲它能提供各種動畫的效果。我說過，奧斯汀和加斯金斯在設計 PowerPoint 時太強調技術面，而未著力在最佳簡報實務。但有些效果還是有用的，譬如，如果你有一張很特別的新聞簡報要秀出來，就很適合將它講述得像老電影效果那樣趣味橫生，但後面的新聞簡報呈現就不能再如法炮製了，否則觀衆會感到不再驚奇，也無所謂與衆不同了。

一旦人們知道接下來是什麼效果，你就會發現簡報的速度變慢了，那些動畫也不再產生效果，反而是令人心煩和分心的東西。我曾說過：「**你是簡報的主人，PowerPoint 只是幫襯的角色。**」

還有更嚴重的一點就是，你可能時常發現動畫簡直無法配合你簡報的節奏，造成螢幕影像無法同步呈現，也搞得自己緊張兮兮。我使用過邱吉爾的「我們在沙灘上打擊他們」的滑稽模仿，但最後因爲動畫的問題而失敗了。

步驟八：圖表

盡可能將圖表做得簡單，以發揮簡報的目的，因爲一旦超過四或五個要點，就會失去影響作用。還有，較爲詳細的圖表也可以做成可攜式的檔案資料。

圖表的易讀性則需要特別注意 PowerPoint 的作業，因爲在紙張上或是在電腦可行的，並不必然投射在螢幕上也會有很好的效果，因爲出現在螢幕縱橫線上的資訊很不容易看到。請回想第四章提到，從魔術圈的波果所學到的道理，他說：「就字體的可見度而言，線條的濃粗程度比字體精確尺寸更重要。」我知道這個竅門後，下次再使用 PowerPoint 時就知道

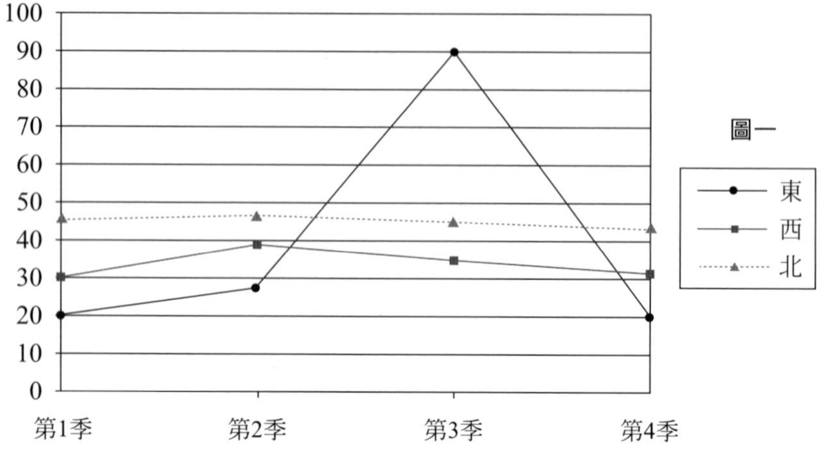
100
90
80
70
60
50
40
30
20
10
0
第1季
第2季
第3季
第4季
圖一
東
西
北

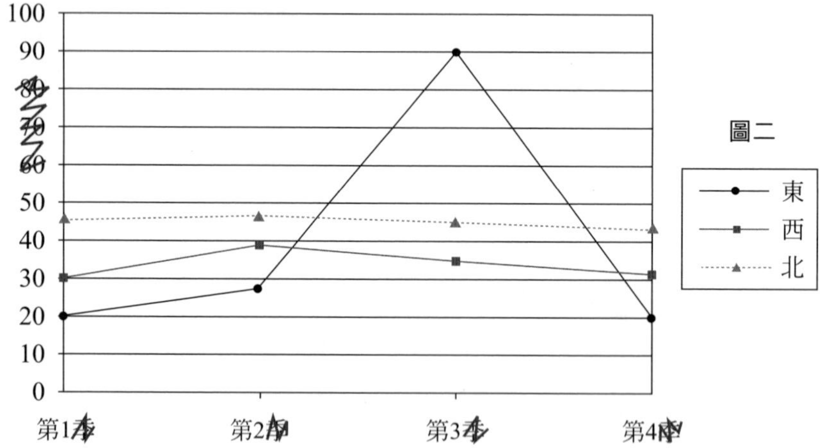
100
90
50
40
30
20
10
0
圖二
東
西
北

它是多麼的珍貴。譬如，如果你要求 PowerPoint 給你一張好圖表，它就會提供你一個基本的版型，你必須根據這個版型修改。

圖一在電腦螢幕上也許看起來比較精美，但是當它印在紙張上就要試著調整字距，因爲這些線條細得幾乎看不見。就好像維持圖表的簡單化一樣，你也要考慮將線條加粗，讓附加參考資料更出色（參閱圖二），如果觀眾無法看得很仔細，你的重點就不可能被了解。

最後，你要清除雜亂的東西。在圖表縱軸上有必要將數字從一到一百都詳列出來嗎？就這個例子而言，實際上要標示的數字是五十至九十，所以爲什麼要將全部數字都列出呢？同樣的，圖表上的橫軸列出第一季到第四季，爲什麼還要重複「季」這個字，占了空間也造成分心。

步驟九：視覺圖像功能

視覺圖像與創造影響力有關，這個主題我在第四章有提過。此外，PowerPoint 還有一些特殊方法可運用到視覺圖像。

・可作為重複工具：我已經討論過重複的必要性，以及重複為什麼一定要隱蔽得不著痕跡，而不令人煩躁。一張一再重複的視覺圖像若能以縮小的方式出現，就可以達到巧妙重複的效果。

・可支持長篇主題的基礎：視覺圖像可以用來描述主題並貫穿整個簡報過程，讓該主題一直保持鮮活。譬如，我的簡報訓練班就使用PowerPoint做出視覺圖像，在講解簡報架構時，我便使用奠基磚塊的圖像，並隨著講解進展逐漸構築成一間房屋。

・可作為節奏定速的工具：視覺圖像也可以用來描述每個章節，或是重點主題的開始與後續演變的過程。譬如，我在簡報訓練班授課時就將課程內容分成簡報的架構、事前演練與現場簡報表達，此外還用PowerPoint做出來的視覺圖像標示在每一個篇章，並縮小放在畫面的某個角落，每次換一個章節，就會出現不一樣的視覺圖像。

・可作為更鮮亮生色的工具：還有什麼比它更像是一連串的重點符號。考慮以上所提的情形之後，你應該看一看整個簡報還有哪裡需要更加鮮亮，想想還有什麼方法讓視覺圖像表現得更加自然。此外，你也要檢查是否合乎一致性，並適當的加入視覺圖像。

步驟十：一致性

最後一個步驟必須檢查整個簡報的一致性，尤其是：

・寫作風格和文法結構，並加強用字遣詞。

- 重點符號的使用風格。
- 內容和標題的重點與大小。
- 顏色。
- 字距和版面的呈現。

檢查一致性會讓你的用字遣詞更簡潔精練，並達到理想的簡報成果。

POINT

如果你能遵守簡單的程序與維持在正確的軌道上，PowerPoint 會是很棒的工具，它會為你工作，而不至於牽著你的鼻子走。

PART II

我在第一篇已經指出：建構簡報的架構、事前演練，與現場互動三階段，都是同樣重要，但也許你會想：「我真的需要投入這麼多時間做簡報前的準備工作嗎？我可以將這些工作交給別人做呀！」有人幫你當然不錯，但就像飛行員一樣，飛行之前都要檢查飛機的狀況，也像走鋼索的人，表演前一定親自勒緊繩索，魔術師表演前也會檢視舞台道具。

在商場上，常常因為一點小事情就改變局面。一個小細節出錯，很可能導致錯誤的方向。魔術師都了解墨菲定律：「會出差錯的地方，總歸都會出錯。」因為他們的工作潛藏出錯的可能性。學術研究最早與墨菲定律有關的就是英國魔術師麥斯克林（Nevil Maskelyne）於一九〇八年在《魔術環》（*The Magic Circular*）雜誌上發表的文章。

他說：「許多人都想在第一次公開場合就刻意製造魔術效果，但可能出錯的地方最後都會出錯，不管將出錯的原因歸咎於事情太邪門或是習性使然，不論讓你激動的理由是太匆忙或是太擔心，錯誤照樣會發生！」即使已事先預防這些問題，但問題還是會出現在你心情緊張、不知所措時，因為最可能出錯的時間都發生在對你而言最重要的時刻。

事前演練

7／事前準備工作

從事商業簡報前要問自己三個問題：對象是誰？地點在哪？有多少時間？依據這三點準備簡報內容，疏忽一項就有可能造成簡報失敗。

對象是誰？多少人出席？

對象與人數是做簡報前最需要了解的事情，聽眾是溝通主體，所以你所撰寫的簡報內容要以聽衆為主，所以做簡報的重點應該包括：

- 你所觸發的期望和感受。（魔術法則一：**溝通的內容是由觀衆的期望和感受所決定。**）
- 地位、氛圍與渴望，這些因素會造成期望和感受的強化或縮減。（魔術法則二：**期望**

和感受的強化或縮減，可能受到地位、氛圍與渴望的影響而改變。）

- 溝通要建立在聽眾已經知道的事物之上。（魔術法則三：**溝通要奏效，內容就要是觀眾所知道的事物。**）
- 需要調整的內容：行話、複雜性、文化議題等等，要用聽眾聽得懂的語言。
- 讓聽眾感受你的訊息對他們很重要。（魔術法則四：**大腦會過濾所接收到的訊息，而且只會留下它覺得最重要的部分。**）
- 運用最能引起聽眾回應的方法：戲劇化或直截了當、詳細或精簡、採用新技術或用傳統方法。

你要一一考慮各項要素，以因應聽眾的需求，爲他們量身訂做簡報內容。

簡報地點在哪裡？

準備簡報內容之前應該清楚會在哪裡做簡報。回想一下，維京集團創辦人布蘭森在氣氛輕鬆的家裡推銷生意的故事。這個例子顯示場地對簡報有多麼重要，場地不同簡報方式就不同。

我會建議人們在做簡報之前，盡可能先參觀要演說的場所。這麼做能讓你評估一些基本問題，包括：確認關鍵性重要論點的立場、思考做簡報時與聽眾的距離、需要視覺輔助工具的尺寸，以及聯繫相關技術人員。

處理緊張心理

事前看場地，也能解除做簡報時的緊張心理。做簡報之前會緊張，這是非常自然的，而且有做簡報的經驗也並不盡然都能克服緊張情緒。英國前首相布萊爾說，他在演說之前仍然會感到緊張。

根據研究顯示，位於人類大腦底部的扁桃體是顯示不安的部位，當我們感覺危險時，會從這裡傳送戰鬥或逃跑的指令。它會製造荷爾蒙迅速傳遍全身，讓我們有額外的力量與外來的威脅戰鬥，否則就是趕快逃跑。這時，其他重要的功能都會關閉，包括說話能力。

你上台會害怕、緊張，最大的原因就是對不熟悉的事物感到擔心、恐懼，所以你一定要事前到簡報現場看看，先熟悉場地。與其造成心裡七上八下、身體不舒服，倒不如去現場看看真實狀況，還可以藉此先演練每一個細節。

我曾經多次證明看過場地，事前熟悉環境的好處。記憶最深刻的一次是參加魔術圈正式會員的考試。當時我要在倫敦的魔術圈總部，德文特大廳（Devant Room）表演十二分鐘魔術。當時有一群人排在我前面，四周還掛著魔術圈名人畫像。眞是可怕呀！我竟然要在世界最負盛名的魔術團體總部表演魔術，況且那些觀看的人都已知道我使用的技倆。幸運的是，我有一位導師戴爾文（Jack Delvin）。他是魔術圈團體中最活躍的人，於二〇〇九年當選魔術圈的主席。他曾經在家裡教導我如何應付這場魔術考試，並建議我要事前到德文特大廳演練一次。

於是我便到會場感受表演的位置、周遭環境、燈光和音效。但令我意外的是，戴爾文突然出現，還帶來好幾位名滿天下的魔術師。他站上台，對著台下大聲說：「各位！請看魔術表演！」我突然間面對形形色色、不同身材的魔術師，有些在他們的領域獨領風騷，還有一、二位眞是無人不曉的魔術大師。我沒有其他選擇，只能繼續表演下去，但是我終於通過這一次艱難的考驗。

隔天參加正式的魔術考試時，同樣的地方、同樣熟悉的觀眾面前，我的恐懼從心理消失了，我通過了魔術圈正式會員的考試！

當然，並不是都有機會能在事前到簡報會場練習一番，但是先看場地的機會還是很多。譬如，如果預備推銷一場生意，你就可以在簡報會議上提問：「如果我們被邀請跟你們做一次展售會，可以使用這個房間嗎？」或是問：「如果我們來這裡辦展售會，是否可以先看看會議廳？」屆時再按照你的興趣和感覺，挑選合適的簡報環境。

有一次，我準備在一艘船的甲板上舉行主管論壇會簡報，但我感覺不太自在。事先去看簡報的場地簡直不可能，因爲那艘船還在南大西洋。不過有一件很特別的意外，讓我感到很不尋常而且神經緊張。我被要求的簡報題目很普通，就是如何運用魔術法則在商業溝通，但邀請人是BBC電視節目的柴爾斯（Adrian Chiles）。我不曾在電視攝影機前工作，所以接到這個演講讓我心情緊張不安。於是我想去看看場地，但又不可能到BBC攝影棚到處張望。於是，我便從錄影下來的表演節目中去想像狀況：若是被安排在一張大桌旁，可以從那裡開啟或關閉燈光，或者有可能被安排在一張較小的咖啡桌，這就會在表演場地的中間。

接著我又想：我可以被安排在能夠從左向右看的位置嗎？如果我必須運用魔術把戲，可以伸手就拿到道具嗎？攝影機會拍到我使用道具嗎？我了解，我必須在事前全部搞定，但這些可能的位置都不恰當。因爲我習慣站著講話，若坐在固定位置會讓我感到很奇怪、緊張不安。於是我就在家裡安排可能的簡報場景，而且在一週前就開始演練，正式做簡報時就變得很容易了。

有多少時間做簡報？

準備簡報內容時，你已經做了編輯校正、刪減內容，不能達到傳遞、溝通的內容都應該刪除，隨之的故事、事實和視覺輔助工具也要統統去掉。魔術師都知道：「**如果不能增加效果，就會降低效果。**」

但簡報時間還是最關鍵。你分配到的簡報時間是固定的，超過那個時間就會引起觀眾的不悅，而且也會造成其他人的行程大亂。切記！簡報的起訖都要緊緊扣住觀眾的心扉，在簡報最精采、高潮時，要同時將你的重要訊息傳遞給他們，如果被時間追著跑，草草了事，甚至省去最的關鍵部分，你的目的就達不到了。若要準時完成簡報就要在事前做演練，並將簡報內容再次「割愛」。

簡報設備

優秀的魔術師很少會使用舞台道具，安排魔術師表演的經紀人也會強調：「很少用道具，卻很有看頭！」少用道具就少出錯，萬一遺失道具也沒多大影響。

我對於使用簡報設備的建議是：避免發生意外。要小心使用科技產品，因爲會造成墨菲定律：「會出差錯的地方，總歸都會出錯。」做簡報會失敗，很多都是肇因於使用科技產品，即使能當場調整設備，但常因此造成簡報者驚慌失措、拚命趕時間的窘況。

根本之道就是要讓設備簡單、易操作。譬如，我希望秀一段錄影剪輯，就要從放在旁邊的DVD播放機播出來，而不是從筆電。有些人會認爲這樣很落伍，但我知道從PowerPoint轉換到DVD播放機然後再操作PowerPoint，會讓我感覺更有自信。而且我可以看到DVD的錄影剪輯是放在正確的位置，也隨時可以操作。同樣的道理，處理音響效果時我也會使用iPod和可攜式數位音樂系統sound dock，而不依賴筆電操作這些額外的功能。

不管你使用哪種設備都要問自己：這個設備眞的能增加簡報效果？因此而增加的工作和壓力值得嗎？這樣做會不會模糊簡報的重點？

避免出差錯，就要隨時準備備胎。如果你的筆電裡有簡報資料，還要準備隨身碟儲存另一份簡報檔案，如果筆電無法作業或是丟了，你還可以使用隨身碟裡的簡報檔案輸進借用（或備用）的筆電。但如果沒有電源或重要的視覺輔助工具丟了，又該怎麼辨？你能在沒有這些設備輔助之下做出可信度高又有效的簡報嗎？如果你事前已經考慮過這些問題就有辨法解決，若沒有考慮，而碰巧事情就發生了，那麼你就注定要陷入窘境。

爲了讓生活不要有壓力，我推薦你攜帶自己的簡報設備。不管任何時間，我總是帶著投影機和螢幕，這樣就確實知道自己能操作熟悉的設備，也能確信每件配備都是相容的，而且有一個能放在最佳位置的螢幕，而不是公司提供的老舊螢幕，或是將就使用已經固定的螢幕。

螢幕和擺放位置

規劃投影螢幕位置時有一個簡單的「六法則」，也就是從螢幕到最後面觀眾席之間的距離，應該要少於螢幕寬度的六倍。以十公尺長的房間而言，需要的螢幕寬度是一點五公尺或稍微寬一點。此外，放螢幕的角度必須是觀眾的最佳可見度，而且也適合簡報者的操作。

現在平板電視已日漸普及，但我還是偏愛使用投影機，因爲現在平板電視螢幕的尺寸還是比投影機投射出來的畫面要小，而且照片所呈現的範圍太小。此外，這些平板電視通常都固定在牆壁上，和觀眾有些距離，即使被安置在一個架子上，但很不容易移動。可以捲起來的螢幕也可以放在固定位置，但你還是應該選擇攜帶自己的螢幕，擺在你喜歡的位置。我通常會移動螢幕到比較靠近觀眾的地方，而不是由公司所安排的位置。

我認爲，使用自己的筆電操作是個好方法，還要記得攜帶共用延長線、投影機延長線、簡單工具箱和強力膠帶，還有我喜歡的凹凸插頭切換器。這是一個很簡單的工具，讓你可以將投影機連結到延長線，並調整你想要的位置（配合螢幕角度，讓觀眾由左而右觀看）。

現在你可以安排簡報時想要站的位置、確認筆電裡已經放進內容，或許主辦單位會提供講台或又小又高的折疊式桌子，但最好不要使用那些桌子，你自己可以攜帶桌子。身爲魔術師，我很幸運有一張哈爾濱（Harbin）桌子，這是一種可以折疊到很小的桌子。這種桌子不便宜而且很難找到，又很脆弱。你可以到家具行找一找有沒有又小、又可以折疊的桌子。

緊張的原因

簡報前的準備工作還要包括：了解讓我們心情緊張的因素。造成緊張的因素，除了對不熟悉事物和情境的恐懼之外，還有：

- 不確定簡報內容是否完整。
- 跟認識的人做簡報。
- 對簡報內容沒有把握。
- 簡報過程發生意外或被打斷。
- 簡報設備出現問題。

但若透過事前演練和規劃，就可以降低或消除這些緊張因素。

POINT

平常都不會發生的小事情可能會搞砸你的簡報，所以要確實找出這些細節，讓一切都在掌控之中，讓自己的心情穩定。

8／事前演練

重現簡報情境

在魔術圈有一則笑話：你可以透過指導沒有經驗的魔術師在舞台上表演，來告訴他的起居室有多大。這一則笑話的重點是，魔術師曾經演練過卻沒有重現（複製）到即將表演的那個情境。

我已經討論過熟悉環境的重要性：克服緊張心理並發揮簡報最大效益，所以你應該非常確實的重現（複製）每一樣東西。我的意思是：簡報場地的布置、科技設備、視覺輔助工具和道具，以及簡報當天的時間、天候，以及穿著、儀容等等。

如果這些事聽起來好像很遙遠，那麼就讓我來告訴你兩則故事。第一則故事與倫敦一位頂尖的公關顧問有關。他在倫敦動物園的大展示廳，爲一家知名的甜食公司主持商業展售午餐會。這場商業展售午餐會的場地老早就確定了，因爲這個場地有它的原創性、很吸引人、燈光舒適，通風也非常好。

那位頂尖公關顧問打開 PowerPoint，而且一切如常進行。Power Point 是他簡報不可或缺的工具，因爲有許多圖表要秀出來也要呈現數字，還要展示頗具創意包裝的小產品。幾分鐘後，他強調市場現狀並做出結論：「正如各位所看到的……」此時，明亮的陽光從一片濃厚的雲層穿透玻璃灑在螢幕上，圖表完全被陽光覆蓋：「喔喔！你們看不到圖……」他逐漸感到不安、不知所措：「各位看不見這裡……，但是……」這時助理驚慌的上前試圖擋住陽光，但一點也沒用。

其實他的運氣很背！那個季節是陰霾的十一月天，但任誰也沒料到陽光卻大顯神威。即使他事前都演練過了，但太陽在不同時段會出現在不同角落。

第二則故事發生在我身上。我從痛苦經驗中學習到的教訓就是：穿著。**做簡報前不但要依照標準程序準備，也不能穿整套的新衣服！**理由是：你要熟悉做簡報的狀況，而穿上一套全新的套裝正好與此相違背。

我的穿著問題起於舞台道具和設備管理失當。那時我要到一個空間很寬敞的演講廳做簡報，我知道他們一定會要求使用夾領式麥克風。使用這種麥克風時，那個麥克風電池盒需要很小心的裝入口袋，但我做簡報時並不穿夾克，所以我打算將電池盒放在褲子的左後方口袋，並讓褲子的右後口袋空出來，以便藏一些已巧妙安排好的紙卡。那是要在令人驚嘆不已的高潮出現時，我要順手變出來的必備東西。

可是到了做簡報那天，我「穿錯」了褲子，那條褲子只有一個後口袋，而我又需要用這僅有的後口袋藏那些卡片，所以就將那個電池盒塞進腰帶裡，結果是，簡報做到一半那個電池盒竟滑到大腿，我不顧後果繼續做簡報，不認爲有誰會注意到這些，但我有點不安，肯定也限制了隨後的表現。

重現簡報情境時要盡可能精準，以便找出細節問題。總之，這種重現情景的工作能幫助你更熟悉簡報會場的環境，和可能出現的各種狀況。

演練全部過程

所謂「清楚的陷阱」是指：做簡報時說了某句話或某個字，卻導致觀衆會錯意。這種情形在做簡報時常常發生，所以做簡報的人都會有壓力，但對魔術師而言，他反而會運用這個機會轉換成借題發揮的優勢。

譬如，如果有位觀衆挑出自己最喜歡的紅心 A，而魔術師從一個信封中取出紅心 8，就會假裝聽錯了（譯注：A 與 8 的英語發音相近），接著就做出很魔術化的動作將紙牌變成正確的紅心A。

當然，在現實世界沒有魔術表演般戲劇化，但做簡報前你都必須完成三個階段：

階段一：事前演練、熟練輔助工具、熟悉簡報會場。你在這個階段能夠學到很多東西，而且可以非常自然、不忸怩的演練整個簡報過程，不但可以從中獲得經驗，即使犯錯也不會覺得尷尬。

階段二：演練簡報時應該邀請朋友到場聆聽，聽聽他們的建議，有哪些需要改進、輔助工具的效果如何。

階段三：這個階段，你的簡報內容已經接近完整，接著要邀請二、三位專精簡報的人參加你的演練，請他們提出嚴苛的問題並指出錯誤的地方。這個階段，對簡報的熟悉度是關鍵所在，所以要一再演練專業人士提出的質疑，正式做簡報時就能因應各種詰問，在心中建立防衛機制以便迎接各種挑戰。

接著，你必須採取魔術師所謂的「霍林伍茲法則」（Hollingworth Rule），該法則指出：「**做簡報前二十四小時要停止演練**。」當我跟行銷代理商介紹「霍林伍茲法則」時，他們大笑：「開玩笑！做簡報前二十四小時我們還在趕寫簡報內容。」我曾經在行銷業待過，知道他們話中的意思，但「霍林伍茲法則」是值得遵循的好原則。

霍林伍茲（Guy Hollingworth）是魔術圈備受尊重的成員，他在全球各地工作，原本可以過著富裕生活卻寧願當一名出庭律師。他說，就像考試前臨時抱佛腳都會有負面作用，在正式簡報前二十四小時做演練不可能有幫助。你反而應該利用這段時間做心理建設，心中想像簡報時會一切順利，這樣可以讓你的腎上腺素產生變化，形成激勵作用。

切記！自己要掌握簡報時間。演練的時間會與實際狀況有差異，正式簡報時若遇到時間無法精確掌控，就要靈巧的邀請觀眾加入討論或很自然的轉移話題，讓整個簡報過程維持流暢。

（一）簡報的細節

要留意做簡報的開場與收尾。還記得魔術法則第十三條：「**最初和最後都要被觀眾記得**。」如果開始很順暢就應該順著講下去，如果一開始不順暢就要調整節奏，而且收尾部分最重要，這是最後的機會讓觀眾了解你要傳遞的訊息。

（二）習慣說出來

演練簡報時不要只「看」內容，而要大聲「說」出來，以免正式簡報時感到不習慣。當你大聲唸出簡報內容時，會發現有些句子很累贅，有些字很拗口。

（三）速度要放慢

簡報速度不要用每分鐘一百七十到一百八十個字，要改用每分鐘一百二十到一百三十個字的速度。切記！當你緊張或興奮時心跳會加快，說話的速度也會變快，所以練習時就要放慢說話速度。安排簡報過程的停頓時間是一個好方法，我們會在第三篇深入討論。

（四）適時的強調

處在壓力下常常忽略該強調的字彙，譬如：「『這件事』眞的很重要」和「這件事『眞的很重要』」，前句強調「某事」，後句則強調「重要性」。因此，簡報演練時若碰到可能出錯的語彙都要小心謹慎，必要時要重新修改用語。

要記住！做簡報時避免使用否定句。若非用不可，準備的投影片和現場口語表達的聲調，都要非常清楚明確。所謂「清楚的陷阱」也會出現在數字和字彙，譬如英文的五十（fifty）和十五（fifteen）、百萬（million）和十億（billion），發音若不清楚就很容易被誤解。

（五）熟悉輔助工具

做簡報前要確實了解如何正確操作輔助工具，而且要熟悉到不假思索就能運作自如，因為正式做簡報那天要專注的是更重大的事情。尤其是操作投影片切換器，一定要熟練到連觀衆都不會覺察。如果你笨手笨腳就會造成觀衆分心，你自己也會驚慌失措。

（六）處理輔助工具

第十三章會教你如何正確擺放輔助工具，但在這之前必須先考慮這些輔助工具使用前是否需要特別維護，以及當你的簡報主題轉換到另一個重點時，輔助工具是否需要移除。優秀的魔術師都會注意這些細節，因為這些事看似細微末節，但可能讓簡報更加流暢或讓人分心。重點是，不論是選用、呈現或移動輔助工具都應該讓觀衆在「心理上看不到」，也就是說，不應該讓輔助工具影響你做簡報的情緒，而是要全神貫注做簡報。

（七）四種問題

（1）**平淡無奇問題：**不管你的簡報多麼面面俱到，一定會有人提出預期的、平淡無奇的問題，所以你要熟練並演練如何回答這類問題。

（2）**艱澀問題：**多跟你的同事一起腦力激盪，你可能會被提問到艱澀的問題。熟練這些問題，並練習如何因應。

針對上述兩種情形，你平時就要準備更廣泛的各類問題。你會發現，大部分的問題都可以歸納爲六種類別，如果你對每個類別的答案都能純熟演練，就能從容應付。

（3）**常見問題**：這類問題都是平淡無奇，很容易應付。而且如果沒有人提問時，你可以運用這類問題問問觀衆。

做簡報時，沒有人提問是時常發生的，這種情況會讓氣氛很尷尬。爲了避免熱度中斷或全場鴉雀無聲，你要多準備一些常見問題的題庫，一旦發現沒有人提問，就要打破沉默開口說：「我經常被問到這個問題……」接著就提出自己要問的問題，這表示你能控制場面。此時觀衆可能會被激起勇氣提出問題，而且會一個接著一個提問，最糟糕的是阻礙觀衆提問的勇氣。

（4）**新聞事件問題**：請記住！做簡報當天要迅速瞄一眼各大報重大新聞的標題。你會覺得太忙了做不到，但這些新聞標題在觀衆的大腦可是記憶猶新，他們可能就新聞事件想出相關問題來問你。

提問時間最好是在簡報過程中或是結束時，並沒有定論，除非你的簡報時間很緊湊，就必須安排一個預定時段並限制提問的方式。我喜歡隨時有人提問，這給我很好的回饋，而且在整個過程中不會有那麼正式的感覺。不過，有些提問的人可能是麻煩人物，對做簡報的人或觀眾不尊重，所以你必須加以控制。如果提問的內容脫離討論的範圍就要明確告訴提問人，請他們言歸主題。

提示用的輔助工具

對魔術師而言，表演時被觀眾看見手持卡片的確不恰當，因為這與做預測的觀念不符合，更不用說在表演記憶力或讀心術時。不過，魔術師可以運用各種提示道具和幫助記憶的工具，譬如在卡片上寫著「CHaSeD order」，表示已準備紙牌梅花（Club）、紅心（Hearts）、黑桃（Spades）、方塊（Diamond）。

在此要先說明，做簡報時是可以使用卡片的，當然，如果不使用卡片而能完成精采的簡報，觀眾會感到很驚訝。但也不要覺得拿卡片很丟臉，有些經驗豐富的簡報者就會玩卡片的遊戲，也就是把手中的卡片當作紙牌在手中洗牌，作爲簡報前的暖身動作。只要你不是低著頭看卡片照本宣科，偶爾快速看一下卡片並沒有問題。其實，這種方式也可以當作暫時停頓的輔助工具，甚至讓你可以與觀衆眼神交流。

這種效果不錯、也是具有提示作用的輔助工具，它的優點是尺寸不大、硬度夠。理想的卡片尺寸是A5（21×14.8公分），而且卡片的硬度夠，從袋子取出、放入時比較方便，而且紙張挺直能讓觀衆清楚看見內容。但秀卡片時不要太接近麥克風，以免因摩擦而發出沙沙聲。

製作卡片時格式要統一，要像簡單地圖一樣在上面用大字體書寫、字距要大，如果碰到腦袋突然一片空白，不知如何講下去時，只要往下瞄一眼就可以回到簡報的主題。所以我稱這種卡片是「自信紙卡」。因爲有了它，你就知道有個安全網在手中，一旦需要而使用時就會讓自己覺得有信心，最理想的狀況是備而不用。

這種像地圖、具有提示作用的紙卡，和第一次參加我的簡報訓練班的人使用的紙卡大不相同。他們用的是接近全開的紙張，做簡報時如果不靠近那張紙看內容就會發生狀況，於是心裡很緊張、腦袋一片空白，不知如何講下去，像隻呆頭鵝般愣在那裡。當他回神想去看紙卡內容時卻一頭霧水，因爲他看到的內容都是小字印刷。其實，這時候他只需要一個簡單的關鍵提示詞，就能夠恢復記憶繼續講下去。

做簡報的挑戰不是不確定要說什麼，而是要在指定時間內說太多內容，所以我一定親自刪減內容。我曾經受邀上BBC埃文斯（Chris Evans）的廣播節目，他們告訴我只有三分多鐘的時間，談的是：在經濟景氣衰退期間要如何運用魔術法則，幫助商業人士進行溝通、交流。這眞是要求很高的訪談邀約。我做過最短的談話是四十五分鐘，不過，跟將近六百萬聽衆說話的機會實在不多，我不想錯過。所以我將整段談話合併成開場和收尾兩部分，藉由精準的草稿加上一張像地圖的提示紙卡，就順利完成那次訪談。

「處在景氣衰退之中，」我說：「商界人士在溝通時的用字遣詞必須不加以堆砌，而且他們可以跟最厲害的魔術師學習如何達到目的。問題是，處在景氣衰退之際，人們驚恐不已，開始把自己弄得什麼都不像，結果定位不清楚，模模糊糊的沒有人會注意他們，但魔術師能夠創造單一的聚焦重點，商人就應該效法這些做法：專注每個『單一的簡單訊息』，這樣他們才能被鎖定，進入目標觀衆的意識之中。」

我還準備兩個可能會被問到的重點：第一、萬一主持人問我如何區隔自己與衆不同；第二、萬一他要求我舉出一些例子，說明魔術法則應用到商界而成功的情形。若眞的碰上這種情形，我就無須傷腦筋去想最恰當的答案，我的眼睛可以正視前方做出回答，並講出一些可行的方案。

我也會在紙卡的背面列出幾個魔術法則的例子，萬一被問到與簡報的最初和最後的部分，或是從左往右看，或是「字中有畫」的用字遣詞等相關問題時，我的大腦根本沒時間想答案就必須直截了當說出解決方案，而且我相信那些例子可以透過收音機，產生快速、有效的溝通交流。

這時，我的「自信紙卡」幫我玩出戲法。我發現可以在很短的時限內溝通複雜的問題，只要我事前做準備就能擁有合適的支援機制。最好的證明是，我從廣播錄音間回家之後就收到一堆電子郵件，有些電子郵件是來自歐洲各地所提供的工作機會，也有演講的邀約，以及詢問我是否撰寫過這方面的書籍。本書就是因應那些要求而完成的。

不能看紙卡的時間

以下情況不應該看紙卡：

(1) 當你必須表達內心深處的感受時。此時紙卡會破壞你的形象。
(2) 當你提到自己的公司或客戶的重要事情。此時如果無法記住名字，你就無法得到別人的認同。

出示紙卡強調重點時間

這是非常有效的簡報策略！而且可以藉著展示那張紙卡，強調這些重點的眞實性。

這項技巧最普遍的使用時機就是，直接出示所引述的原始資料來源。尤其所引用的內容相當長時，你可能無法正確記得，如果又沒有顯現在螢幕上，這時就要取出原始資料。可能是一本書，然後直接引述那個資料。這樣做有兩個好處：這是很有用的提示工具、也是具有說服力的視覺輔助工具。

在探討否定句的問題時，我曾以我的孩子在學校期中報告的事當例子，運用了這項技巧。雖然我曾下功夫訓練用字遣詞的記憶能力，但是我相信，以小孩的學校期中報告當例子，直接唸出來的小小戲劇化將增加這件事的眞實感。當坎貝爾（Alastair Campbell）說他在英國前首相布萊爾身邊擔任聯絡、溝通的高層主管時所學到「十大教訓」，就取出一張紙卡。他說，紙卡上所寫的內容就是他聽到的十大教訓。他還說，當他在二〇一〇年回到唐寧街官邸時還看到那十大教訓。

PowerPoint 的提示輔助工具

當你使用 PowerPoint 時要注意，用字遣詞需要配合投影片。你一定要知道下一張投影片是什麼，因爲你越能夠將說的話與秀出來的投影片內容密切協調，創造的影響效果就越大。

好消息是，現在的科技產品在這方面都能大力幫助簡報者。如果你用的是蘋果公司的 Mac 電腦會內建 Presenter Tools，都有支援 PowerPoint 和 Keynote 的功能。當你轉到「Slide Show」，簡報人就會出現在顯示器上，觀眾就可以在大螢幕上看到他本人。如果到轉換到「Clicking View」，顯示器將會出現不同的畫面；這是一種特別用來幫助簡報者的設計。

Presenter Tools 的左上角有個小時鐘，可以設定爲計時器也可以顯示時間。在左下角，簡報者可以看見投影片的轉換順序。螢幕的其他部分又分成幾個區域，有正在播放的投影片大圖像，而大圖像的下方則顯示與那張投影片相關的文字備註區，甚至可以覆蓋下一張即將出現的投影片的小版本在這上面。對簡報者而言，Presenter Tools 軟體是目前功能最好的輔助工具。

Presenter Tools 軟體的功能還有以下功能：

- 可以知道當時的時間，或簡報已經用了多少時間。
- 可以在大螢幕看到正在播放的投影片。
- 能夠看到與該投影片相關的備註文字。
- 能夠看到先前的投影片，與排在下一張即將出現的投影片。

因應狀況預先規劃

魔術師常常會出差錯，也會遇到技術和操作上的問題，所以，即使是頂尖的魔術師也跟青澀的練習生一樣備受折磨，但厲害的魔術師很少讓它顯現出來。他們能預見問題，而且有一套化解的方法，因此一般觀眾很難看出他的破綻。

爲了因應狀況預先規劃，比爲了避開問題而規劃來得積極。我們都聽過墨菲定律：「會出差錯的地方，總歸會出錯。」所以不管你多麼努力規劃，都會出現錯誤。換句話說，你可以減少狀況的發生，但無法永遠消除差錯。

當然，你冒險越多出狀況的可能性就越高。我所謂的「冒險」是指：超越單純情境之外的任何動作。我曾經探討被科技產品搞砸的意外事件，**不論你演練時準備得多麼周全，被當作提示作用或簡報策略的輔助工具都有可能出現令人吃驚的意外**。所以你必須積極、主動的因應問題而預先做規劃，這樣就不會陷入措手不及的窘況，也能讓你的大腦保持清醒狀態，處理問題時就能果敢、鎮定，不會讓觀衆發現到差錯。

按理說，魔術師所處的情境是最不穩定，不但要依賴輔助工具，也要有處理布景、舞台道具的人員協助，而且要配合得天衣無縫才能正確無誤的表演魔術。此外，優秀的新聞主播遇到狀況時都能保持泰然自若的定力，同樣的，做簡報時不能顯露驚慌的神色，否則會很快的感染觀衆引起不安的心理。但要如何將這個方法應用到商業簡報呢？想一想，如果遇到ＤＶＤ播放機出了問題，怎麼辦？

有一次，我在講授創造性思考的訓練課程時因爲需要播放一段錄影剪輯。影片中會有一群人正在開會，爲了做決定而吵得很不愉快，並沒有獲得共識。其實，播出這一段從電視節目轉錄下來的影片不是重點，我只是想把它當作開場白，介紹相同情景的不同內容而已。

但當時就出了狀況。事前已檢查過ＤＶＤ播放機，開始演講時竟然不動了！我一面演講一面去碰觸ＤＶＤ播放機開關，但仍然無法啟動。我感覺有點混亂狼狽，於是向學員道歉並說：我原本要播放一段錄影短片，但是ＤＶＤ播放機似乎不靈光了。接著，我暫停片刻、整理思緒，再繼續講下去（儘管垂頭喪氣）。後來看到學員的留言：「很可惜那個科技產品不動了！」

我從這件事學到的是，根本沒必要跟學員提到ＤＶＤ播放機不動的事，他們根本沒有期待看ＤＶＤ播放影片。我如果繼續講下去，而不提ＤＶＤ播放機壞掉，他們也不至於那麼聰明發現這件事，我自己也就不會因此而感到挫折。

所以，你必須盡可能減少搞砸的機會，即使碰到了也要大膽的繼續做簡報，因爲聽衆可能沒有注意到你出了差錯。蘋果公司在二〇一〇年推出 iPad，這個新產品的賣點是能提供與網際網路互動的新方法。但賈伯斯在發表會上只是輕鬆的坐著，就像回到家裡或在咖啡館一樣心情輕鬆。其實，當時賈伯斯並沒有 WiFi 訊號可以操作 iPad。

於是許多觀衆都上部落格和推特（Twitter）觀看，造成 WiFi 負荷超載。但賈伯斯一點也不慌張，他鎮定的解釋這是太多人正在使用 WiFi，並要求在 iPad 發表會時請他們暫時離線。不久，助理告訴賈伯斯還在使用 WiFi 的人數，於是他說：「你們希望看到發表會的最後壓軸嗎？」聽衆大聲說「要！」賈伯斯再次請正在使用 WiFi 的人下線。其實，賈伯斯是把自己的窘境轉換成優勢，而且那次新品發表會被稱讚非常成功。

星巴克測試

當你完成所能準備的工作之後要問自己一個問題：如果到了簡報會場聽到宣布：「抱歉，這間會議室要挪做他用。」「這裡停電了，只能到星巴克咖啡店做簡報。」這時你該怎麼辦？

你願意到沒有輔助工具、非正式會議場所做簡報嗎？首先，這種事情你總有一天會遇到，如果碰上了就必須做出決定，是拒絕或是迎面奮戰？記住，這不是對錯的問題。如果你接受這種頗具挑戰性的環境，自己也準備得相當好，完成這種克難的簡報後感覺會很美好！

POINT

簡報前一定要排出時間做演練，如果推託太忙而沒執行，那麼你也可能因太忙而無法做簡報。盡一切努力熟悉做簡報的相關事項，這樣能讓你克服緊張的心情，遇到問題時也能迎刃而解。

只要做好簡報架構和事前準備，第三階段的簡報表達就會很容易入手。

這時只要發自內心的表達，一切就會顯得自然又自在，而且準備工作已完成，整個簡報過程一定很有安全感，只要注意不要出差錯、備有解決方案即可。

簡報表達

9／成功的簡報表達

熟悉環境

魔術師波果（Ali Bongo）總是在劇場布幕揭起前兩小時，就讓一切準備就緒。

上場做簡報的日子到了！首先，你必須計算抵達簡報現場的路程，時間要計算得很充裕，還要多留出半小時，這樣你才有充裕時間處理簡報前可能發生的問題。你也應該預留自由的時間，讓自己的大腦放輕鬆、心情更舒暢。我們都知道，參加重大會議前心裡難免會有些不安，譬如：遇到交通打結、忘了帶重要資料、攜帶的設備不齊全，或是沒有時間看完簡報內容、在鏡子前整理服裝儀容。

如果有上述的經驗，你就能感受英國魔術圈前主席波果爲何在表演前要準備就緒。他總是在表演前兩小時將所有道具定位，穿上表演服裝並完成化妝，然後到處走走逛逛，跟人聊聊天喝杯茶，熟悉整個表演環境和觀察來看表演的觀衆。我之前提到，如何克服對不熟悉事物的恐懼感，波果就是用慎密、積極的態度因應心理的恐懼感，所以他在舞台的表演能夠如此精采。

此外，你必須記住助手的名字，跟他們交個朋友。這種角色常會被忽略，幾乎成爲看不見的人，但你會很需要他們的幫忙，以確保簡報的流程通暢平順。如果你跟這些助手聊一聊，他們一定會支持你，願意幫你張羅細微瑣事，希望你的簡報成功。若是做簡報過程出了狀況，你就可以說：麻煩某某小姐（先生）幫個忙，即使你的心裡有點擔心，但給聽衆的印象是你掌控一切狀況，也會將責任轉移到助手身上。

空間的控制

魔術師站在舞台上時，會像是宴會場合逐桌社交的人，一定想獲得每個人的注意並爲自己挪出表演的空間，而且會與上菜的侍者達成協議，請侍者不要干擾他的表演。這一點可能是所有表演中最難搞的。

（一）測試自己的音量

提早抵達會場的好處在於：當時在場的人不多，可以利用這個時候站在簡報位置測試自己的音量。不管做簡報時是否使用麥克風，你都必須做到這點，理由是：每個場地的音效差異很大，只有經過事前測試才能確定做簡報時需要發出多大音量。

譬如木板隔間的房子，簡報者發出的聲音會比較溫暖，就不必費太多力氣。若是在船上，因爲有很多塑膠材料，所以做簡報時就必須對著房間的正後方大聲講話，才能被聽清楚。若是在大帳篷內做簡報，就需要大聲的講，因爲帳篷四周只有布幕能夠反射聲音。雖然對自己講話有點怪，但你還是要抓住機會趁著沒有人的時候先測試自己的聲音。

（二）光線的問題

調整你所需要的光線，拉下靠近螢幕的窗簾或百葉窗（還記得倫敦動物園展示廳，某家甜食公司的簡報個案吧！）此外還要操作燈光的開關，調整出你想要的光線氣氛，並熟悉每個燈光的開關位置，以便於做簡報時要做出特別效果時能夠順利。譬如：先將燈光打在播放機上，再回到你身上，這時就要很清楚哪個開關控制哪個燈光，才不會屆時不知所措。我的做法是，將要使用的電燈開關貼上一小片藍色貼紙當作識別。

（三）家具的運用

想一想要如何重新排列簡報會場的家具陳設，以便符合需要。想好了就動手完成，但也有可能受到會場工作人員的阻擋，或推辭說要向上層主管請示，但如果你直接動手去搬動家具，他們或許不會管甚至不會注意。最壞的狀況是，你必須因此跟他們表達歉意，並在離開會場前將所有家具歸位。

（四）排除讓人心神不定的景物

你應該先排除簡報會場讓你和聽眾分心的物品。站到簡報會場最後面位置，就能清楚看到整個空間。想要讓觀眾的焦點都放在你身上，就要先看看是否有什麼東西可能讓他們分心？如果有，就要移開那些東西或是將它蓋住。

早年我擔任簡報訓練班的講師時，在午餐前會安排問答時間。當時有一位學員問：「那個美人魚是做什麼用的？」我回答：「什麼美人魚？」接著又有人回應：「在你背後牆上的那個美人魚啊！」我當時沒有時間走到後面看看學員所說的東西，所以那段問答時間他們不斷的想著牆壁上那個可能與訓練課程有關的美人魚，而心神不定。

（五）創造自己的空間

最厲害的魔術師都會在開始表演前，多花點時間創造自己的表演空間。那些在宴會場合逐桌表演的魔術師尤其明顯，那是很難應付的環境，魔術師必須到每一桌打斷賓客的閒聊，然後創造一個可以表演的空間，而且還要讓每個人都能看到。但是魔術師自有辦法，不但能重新安排賓客的座位、選出自願幫忙的客人，還會要求在桌上空出表演空間。技高一籌的魔術師會假借與賓客聊天，讓侍者不會前來干擾而完成魔術表演。重點是：魔術師在充滿挑戰的環境創造了表演空間，並讓觀衆對他們產生注意力，藉此獲得成功的表演。

（六）表演時間

關於創造自己的表演空間，我需要承認一件事。就像搬移簡報會場的家具一樣，我有時候會拿掉電燈泡。許多辦公室的陳設並沒有好好的規劃，常常會找不到燈泡的開關，甚至燈泡是全開或全關的設計。此外，燈泡有可能直接照射在螢幕上，因此我乾脆移動這些干擾我表演的燈泡或是拿掉它。當然，離開前我一定會歸位。

找到最適合的位置

傳統上，魔術師會採用光鮮亮麗的輔助工具，但要將這些輔助工具定位爲陪襯角色，才能提升魔術師的精采表演而不至於搶了光采。

遵守魔術法則第五、六條：

- **讓自己接近螢幕和視覺輔助工具，以便創造聚焦效果。**
- **從觀眾的角度由左向右做簡報**（因為大部分的閱讀習慣是由左向右）。

大部分的簡報廳因爲講求整潔、對稱，所以做簡報的人和螢幕之間會空出很大一段距離，而且螢幕常常寬大又明亮，而且不斷的變化畫面。雖然吸引人但觀眾只能向前或向後移動視線，就像是在觀看網球比賽一樣，很快的就覺得厭倦了。

從左向右做簡報通常是一項挑戰，因爲許多機構將講台固定在舞台的右邊，譬如英國圖書業機構、皇家藝術學院演講廳，以及阿卡狄亞（Arcadia）遊艇甲板上的大廳，都是由右到左的設計。不過，如果你攜帶一個凹凸插座和延長線，就可以設定最好的簡報位置。

從左到右的簡報方式並非不能改變，但經驗豐富的魔術師或受過演員訓練的魔術師，都傾向把左邊當作正確的位置。不過，有時候可以安排在右邊位置。英國BBC廣播公司蕭（Adam Shaw）告訴我，他的電視節目主管總是安排他在螢幕的右邊。我解釋說，以他個人的情況而論，這絕對是一項非常適當的安排。理由是，他在報導股票市場動態時，螢幕最重要的位置就是在右邊，這個位置放了一張股價曲線圖，隨時可以顯示股市變動的情形，所以他站在螢幕的右邊是最適當的，可以創造單一的聚焦效果。

但是，你也不能因爲太靠近螢幕而將自己的身影投射在螢幕上。如果是因爲太專注於簡報的重點，這種情形是可以接受的，但如果一直太靠近螢幕，你的雙手影子就會讓觀眾分心。

POINT

為了在簡報時有突出的表現，你必須有自己的空間，並做好簡報會場的所有功課就能達到成功的目標。

抵達簡報現場爲自己創造一個空間之後，你還要盡量掌握整個簡報現場。此時蓄勢待發，你要正式開講了。在這個階段，你以前所建構的簡報架構將發揮最好的效果：

- 觀眾正期待由你觸發他們的感受和聯想（魔術法則第一條：「**溝通的內容是由觀眾的期望和感受所決定。**」
- 思考要如何建立那些感受，但也有可能淡化對觀眾的影響力，這些都受到地位、氛圍以及渴望等因素影響（魔術法則第二條：「**期望和感受的強化或縮減，可能受到地位、氛圍與渴望的影響而改變。**」）
- 做簡報的內容要建立在，觀眾已經很熟悉的資訊。（魔術法則第三條：「**溝通要奏效，內容就要是觀眾所知道的事物。**」）
- 透過個人化的特質，讓你的觀眾感到你的訊息很重要（魔術法則第四條：「**大腦會過**

濾所接收到的訊息，而且只會留下它覺得最重要的部分。」）

・留意簡報的最初和最後部分。在規劃內容和演練時要特別審慎，因為最初和最後的部分會被觀眾記得（魔術法則第十三條：「**最初和最後都要被觀眾記得。**」）

介紹

通常會由某個人來介紹你出場，介紹之後，整個會場安靜下來，也提高觀眾對你的期待，同時，你早已準備好豐富的內容，也即將開講。介紹人會將你的優點，忠實的介紹給觀眾。這也是他們來聽你做簡報的理由。如果你自己介紹自己，聽起來就有點像自吹自擂。

重要的是，你要確保不能讓介紹你的話有所錯誤，所以你要提供個人簡歷給引介人，讓他幫你做介紹。如果你提供的簡歷有誤，介紹人所說的，就會不正確、不適當。譬如他告訴觀眾，你準備在做簡報的關鍵時刻提到某些內容，甚至說出你準備的笑話。

我在指導學員時常常發現，關係很好的學員之間會說：「你對我一直這樣。」團隊的成員都會珍惜彼此的交往，增進雙方的情誼，但更珍貴的是，要將整個團體變成團結一心的團隊，而不只是在同一地點工作的一群人而已。

第一印象

做簡報的事前演練、準備工作階段，大部分也是演練最初和最後的部分（即魔術法則第十三條：**「最初和最後都要被觀眾記得。」**）而進入開講交流階段，除了留給觀眾第一個印象之外，此時你幾乎沒事可做。當然，還有一些不可避免的，會留在觀眾腦海裡的感覺。

譬如，如果你有一個眼圈發青或是斷了一隻手臂，你就要簡短的交待原因，然後繼續簡報正題。這是很重要的，如果你不提，觀眾會因爲好奇你不幸的遭遇而分心，不會專注在你所說的內容。我認識一位外型特殊的魔術師，他在開始表演之前總是這麼說：「我也許不是世界最有名的魔術師，但是，我肯定是世界噸位最大的魔術師。」他的一貫說法是：「好吧！我圓滾滾的，不過請大家專心看我的魔術表演！」整個表演過程，他贏得了同情和支持。所以，你要處理眼前任何緊要問題，但要確實做到簡明扼要。

開場白

要記得魔術法則第十三條法則，你可以按照已經建構好的簡報內容開講，並講出平日所演練的最初部分。此外，在這個階段你只有一個較重要的事情要做，就是**顯露自己精神飽滿、意氣風發，而且很有自信**。觀衆會覺得你充滿精神，而且他們也會受到感染。

我在訓練商業人士做簡報時，常常看到這種情形。商界人士在上午做簡報時，通常顯得平淡無味，可能他們覺得要有條不紊、正經的說話才對。只是，因爲是商業事務就弄得無趣無味，這根本不需要。我鼓勵他們多加一些活力，尤其剛上場開講時。當他們換成表演魔術戲碼時，又展現了活力。部分原因是接受了我的忠告，另一方面是因爲他們也覺得表演魔術應該以活潑的方式較爲合適。

我眞的感受到學員們所散發的活力，那種活力激發他們的身體語言，滿臉笑容，連聲音都可以聽得出活力如泉湧。後來，這個做法也運用到他們的商業簡報。如果他們眞的做了，一定能確保他們與觀衆的初次見面不會有問題。

POINT

簡報的最初和最後部分是觀眾最容易記得的，所以最初和最後這兩個部分是你做簡報時最重要的。而且，最初的部分甚至還要比最後部分更重要。理由是，如果最初部分全搞定了，往下講下去應該可以一路暢通，最初搞錯了，你將不斷的彌補缺失。

聲音

做簡報時必須讓會場後方的觀眾都能聽到你的聲音，清楚看到你的儀態，但聲音又不能大到讓前座觀衆覺得震耳欲聾，所以你要學習正確的簡報音量，配合場地的大小以及吸音狀況。最好的狀況是，事前到會場測試音量大小，評估音響效果如何。另一種練習方式是運氣發聲：

- 聲音發自腹部而不是從喉嚨發出聲音。
- 吸氣。
- 隨著吐氣將聲音發出來。

先以不是運氣發聲的方式，跟想像中的觀眾大聲講話，再用運氣發聲試一試同樣一段話。你就會知道運氣發聲法確實能讓聲音大一些，而且還能增強聲音的廣度、共鳴性和說話時的儀態。

麥克風

使用麥克風時，就不一定需要用到運氣發聲法，但該有的表現不應該打折扣。雖然麥克風可以讓你的聲音被觀眾聽到，但你仍然要把眼神掃向所有觀眾，這時也需要某種程度的運氣發聲。

如何選擇麥克風的問題，除非有不得已的理由非要使用哪種類型的麥克風不可，否則就麻煩聲控師幫你忙。魔術師都需要利用雙手做表演，所以他們通常偏愛夾領式的無線麥克風，但有些人還是會使用麥克風支架當作支撐工具。

練習發聲之後你會發現，自己能自動轉換運氣發聲法，但要記得兩個重點：

（一）除非確實需要，不然不要用運氣發聲法。有些人永遠將「發聲按鈕」打開，這樣會讓他們的表演夥伴感到很煩。

（二）運氣發聲需要搭配眼神交會。做簡報時必須讓全部觀眾都能聽到你的聲音，還要讓眼神掃視全場。眼神掃視到會場後方時，音量就要提高；當眼光注視前排觀眾時，聲音就要放低。

一般而言，夾領式麥克風比較容易使用，只要像正常說話那樣就可以，甚至會忘記它的存在，但這也是使用夾領式麥克風的風險。也就是，簡報結束時忘記關閉開關而鬧出來糗事。譬如，未加防範的在後台批評別人，或上廁所時的沖水聲從廣播系統播放出去。

英國有一則警語：「別跟布朗做相同的糗事。」布朗是英國前首相，二〇一〇年英國舉行大選，有一次他跟媒體記者寒暄時竟然未將夾領式麥克風拿下來，活動尚未結束時他已經回到車上，開始跟助理批判反對他的人。布朗貶損他人的言論被錄音下來，連續幾天一再被電子媒體播放出來，於是大眾質疑他是否適合做領導人。那次大選雖然沒有一個政黨取得絕對多數，但是英國人都認爲他輸定了。

當你使用麥克風的時候不用考慮自己的聲量，那是聲控師的責任。不過，當你使用手持式麥克風或有支架的麥克風時，眞的需要特別注意，要與麥克風保持一段距離。也不要俯身朝向麥克風或一直調整麥克風，應該在簡報之前就先調整好，然後再交給聲控師。

高低聲音

當你的發聲方法已經達到水準，還必須運用動作和聲音的變化保持觀眾對你的注意力，這是魔術法則第十一條：「**要藉著不斷的變化來維持注意力，藉此縮短心理時間。**」

我之前討論過魔術法則第十一條，也談到將簡報內容「分割」的問題，還應該一再變化內容以維持觀眾的注意力。這個重點也適用在聲音方面。當你的聲音一直維持在同一音階時，觀眾專注的注意力也將跟著逐漸消失。你的聲音有了變化之後，就會有更多的機會留住觀眾的注意力。

- 加強語氣。重要、特別的字彙要加大音量來強調。
- 注入情感。在適當的地方呈現興奮的情緒。
- 強調的論述與問題的結論部分，要加強語氣。

不要照本宣科做簡報，如果真有此需要，就要在講過幾個項目之後暫停一會兒，然後再繼續講下去。

停頓

說話時停頓下來的方式，是一種運用聲音的變化而增強對觀眾的影響力，是很有威力的一種方式。**只要你想增添戲劇性的趣味，就先用比正常交談還要慢一點的聲音講話，然後再停頓下來。**尤其當你必須突顯關鍵重點時，要多利用停頓的方法。停頓一下，眞的能幫助你突顯重點，讓你論述的重點被人充分的理解。

二次大戰期間，曾擔任英國首相的邱吉爾是一位演講時運用停頓的高手。一九四〇年法國淪陷時，他做了一次演講：「讓我們做好準備接受責任，要好好表現，如果大英帝國還要再延續千年，後人會說：『那是他們最輝煌的時刻。』」

這是那個年代的英國人所聽到最具號召力的演說。邱吉爾的演講分成六個停頓處：

- 讓我們做好準備接受責任
- 要好好表現
- 如果大英帝國
- 還要再延續千年
- 後人會說
- 那是他們最輝煌的時刻

邱吉爾的每一次停頓都在演講的關鍵處，創造出一個特定的焦點。這個時代聽不到像邱吉爾一般雄辯的言語了嗎？請看賈伯斯在 iPhone 發表會上利用停頓的簡報方式：

- 二〇〇一年我們推出第一支 iPod
- iPod 不只改變聽音樂的方式，也改變音樂事業
- 今天我介紹這款手機有三項革命性的改變，第一
- 有觸控式寬螢幕 iPod 的功能，第二
- 革命性的行動電話功能
- 第三是
- 突破網際溝通的工具
- 這不是三個不一樣的產品，而是一個產品
- 我們稱作 iPhone
- 今天，蘋果公司重新發明電話

賈伯斯運用停頓方式建立說話的節奏，而這個節奏不只營造讓觀眾喝采的時機，他還會再次停頓，就是爲了迎接觀眾給他的掌聲。

趣聞小方塊

改變語調最好的方式就是提到相關的趣聞軼事，這麼做，馬上就會顯示你正從評論式的正常說話速度，轉換爲輕鬆休憩的方式。而且，當你說到趣聞故事時露出溫馨、平靜、和緩的語調，就更合適。

講完趣聞故事之後，當你的語調又再度改變時，這亦顯示你又再度回到正式主題論述的部分。簡報過程中所插進來的趣聞軼事，其作用就像是報紙或雜誌的方塊文章一樣。許多主題報導常會出現一些小小的說明故事，或是一些深入內情的密事，或是令人發噱的碰巧事件。這些都可以從主題報導之中切割出來，寫成方塊文章讓版面更有趣、更吸引人，而且更容易閱讀。

口頭禪

我們都會在做簡報時加料，譬如，出現嗯嗯哼哼的聲音、小語病，或是煩人的口頭禪和其他的怪異聲音。日常生活的說話交談，這些嗯嗯哼哼的聲音、小語病和煩人的口頭禪，可說無傷大雅。這些確實也是語言學家所謂的「聲音的停頓」，它的特別功能就是偶爾能塡補對話交談時的空檔，以及說話中暫時停下來思考如何說下去的時間空檔，或在論述兩個重點的中間時段稍作停留的緩衝語句。

但不適合的用語像是：「你知道的……」「有一點……」「像……」「其實……」「也可以說是……」。有許多語詞都是習慣用法，對年輕人的影響最大，他們囫圇吞棗，連自己都不知道說什麼。

在YouTube有一則很有趣的話題，那是我的年輕友人艾蒙森（Matt Edmondson）的影視剪輯傑作。他以前也是青年魔術師俱樂部的會員，曾經對名媛琵琪思．蓋道夫（Peaches Geldof）的電視紀錄片加以剪輯，經過編輯之後，只留下她說過「像是……」這個部分的片斷。你看了都會覺得好笑。我相信，連她自己看了也會很想笑。

同一時間，在美國也有一位凱薩琳．甘迺迪。她表示，有興趣取代希拉蕊的參議員席次。但是，當她在媒體上的表現成爲嘲笑對象之後，延續甘迺迪家族政治王朝的美夢很快就破滅了。凱薩琳在一次電視訪談中，兩分鐘內說「你知道的……」，次數竟然超過三十五次。那次電視訪問，是她撤出遞補參議員名單前最後一次在電視上的畫面。

因此，煩人的口頭禪一定要避免，而嗯嗯哼哼的聲音、小語病，則某個程度上在日常生活會話還可以被接受。不過，這些煩人的口頭禪、嗯嗯哼哼的聲音和小語病，在做簡報或出席正式溝通的場合，就很不適宜。一旦出現了，不只引起別人的側目、令人惱火，甚至沒有人會理你說話。

你需要朋友或同事幫忙你找出、並消除這些煩人的口頭禪，如果不排除這些讓人側目的口頭禪，有可能還會累積更多同性質的說話毛病。至於避免嗯嗯哼哼的聲音、小語病，其實很簡單，就先從打好草稿做起。你要知道自己要說的內容是什麼，接著再三演練，就能克服這些語病。

嗯嗯哼哼的聲音、小語病，在做簡報時完全沒有必要。這兩種語病的角色，頂多只能當作聲音的停頓，用來填補交談時的空檔，以及製造切入重點和作爲思考時間的短暫緩衝。嗯嗯哼哼的聲音、小語病都是多餘的，你已經用不著思考，因爲你已經知道要說的內容，尤其如果攜帶一張「自信紙片」會更好。

切記，**說話時出現嗯嗯哼哼的聲音、小語病和煩人的口頭禪，除了讓你的觀眾不重視你說的話，也讓人感覺不愉快**。即使你可以處理觀眾不重視你的話，但是，你肯定不會想去惹火他們。此外，聲音的變調發聲，也讓我覺得那是很可怕的東西，現在這種情形越來越嚴重，甚至連老一代的人也這樣說話，更讓人擔憂。

出現句尾升高、變調的發聲方式，是指說話的人在說出一個句子之後，又附帶一個發問的問題，而拉高尾音的變聲語調。如果你問：「我們今天晚上去喝一杯好嗎？」這種說法沒有問題。但是，如果你把「我昨天晚上喝了一杯。」這句話的最後尾音拉高，這樣的說話大有問題，錯用了拉開句尾的作用。

煩人的口頭禪問題，除了讓觀眾感到不悅，如此說話的方式還會讓人對你的論點不信任，認爲你的內容不紮實。此外，尾聲提高音調也暗示著，如果你取得不好的回應，你隨時可以撤回自己的論述。所以，這又會傷害你所說的內容。如果想要說服別人，就要特別留意做簡報時不能使用提高尾音的方式。

熱身

就像跑步之前必須先熱身一樣，如果簡報要做好，你的聲音功能就要發揮極致，你同樣需要做一些熱身的預備功課。如果是在上午做簡報，這一點尤其重要。因爲不可能期望一大早起來，聲音就能快速的調好，要先站著練習發聲讓氣息流動。活絡聲音的方法有：

- 閉嘴哼一段調子。
- 張開嘴巴再哼一段同樣的調子。
- 來一段大聲繞口令，這樣可以確認從嘴巴發出來的聲音都能達到標準。
- 用不同的風格和聲調練習簡報內容。

此外還要多喝水，尤其充滿活力時更要多喝水。簡報前最後要做的就是呼吸練習：

・連續吸氣三次，不吐氣。
・從嘴巴慢慢的吐氣，吐氣的時間要比吸氣的時間長。
・這樣重複練習兩次。

眼睛

「如果希望某人注視某物，你就看著那個物品；如果希望某人看著你，你就看著他。」

——魔術師藍塞（John Ramsay）

大部分的溝通都是藉著聲音傳達，所以非常容易就忽視眼睛的重要性。眼神接觸是眞正溝通交流的根本，**藉著眼神傳遞訊息，讓你顯得更有信用、更值得信賴、更有自信和決斷力以及更友善**。美國讀心術專家指出，單單藉由眼睛的溝通就可以達到多種不同的變化。譬如：目光呆滯、使眼色、怒目而視、眼睛向下看、笑眼看人。眼神似劍，好像要致人於死，或是睡眼惺忪讓人感覺精神不濟。

如果你要教導小孩，你的眼睛會看著他，因爲你知道，沒有伴隨著眼神交會是沒有用的。同樣的，當我們說「乾杯」卻沒有與對方眼神交流，那是沒有誠意的。

無論如何，眼神交會必須鍛鍊，因爲許多人感覺密切的眼睛接觸並不舒服，至少在開始的時候會有這種感覺。視觀衆的人數多寡，你必須個別的看著他們，保持眼神交會的時間，要比他覺得舒服的時間再長一點。通常，這時你會獲得點頭或是微笑的回應，所以你知道有交流了，緊接著眼神接觸要繼續擴散，不要機械式的僵化，但要確實讓現場的每一個人都得到相同的注目。

如果碰到觀衆的人數太多，你不可能直接與他們的眼神接觸，就必須掃視各個不同的小團體。如果發現自己站在舞台上，許多燈光都照在你的身上，因而看不到眼前的景物，這時你會感到不安。所以，你的眼睛必須環顧全場，因爲在你看不到觀衆時，他們肯定都看得到你。不管誰進入你的視線，都會奇怪你爲什麼盯著他們看。也就是說，你說話的時候，有些燈光打在你的身上其實是不錯的。

我訓練過的學員都承認，過去他們很少想到眼神交會的問題，甚至有一位學員終於了解，他很幸運還能保住目前的工作。他明白，他最後的面談是跟權力最大的老闆直接談，而老闆身邊還有兩位負責決策的助手。當時他的眼神是與老闆互動，讓身旁的兩位助手覺得相當意外。在其他的場合，他也曾經描述過這個情況，讓人聯想那兩位助手的感覺，他們從面談者那裡感覺到比老闆少的眼神交會。

按理說，魔術師比別人更知道眼神交會的重要性和好處，因爲他們運用眼神吸引觀衆的注意力。但必須說的是，當魔術師運用目光吸引你的注意力時，他們已經在玩花樣了。當他們抓住你的目光、吸引你的注意時，他們的雙手和道具也正在耍詐。當然，這是誤導觀眾的動作。雖然我從來不鼓勵運用魔術的欺騙手法在生意上占人便宜，但還是可以從中學到很多東西。

西班牙魔術師塔馬里斯（Juan Tamariz）推薦運用想像的線條練習法：

- 想像那些線條將你的眼神跟觀眾的眼光連結起來，但還要保持線條很緊實，亦即藉著他們回收的目光，不要讓那些線條下垂傾斜，否則就斷線了。
- 如果有些線條斷了，要迅速重新連結。走向不注意你的人，當他的眼神又轉向你，你才可以轉向其他人。
- 鎖定關鍵人物，專注的盯著他們看。
- 檢視觀眾的眼色，迫使他們與你出現眼神交會。

配合身體語言

古老諺語：「眼睛是靈魂之窗。」眼睛透露我們真實的感覺，呈現我們內在深處的真實感受。當我們微笑時眼睛卻呆滯，看起來像是出於被迫和假裝，結果就變成眾所皆知的

「汎美航空的微笑」。因爲那種微笑方式，在美國航空業的服務人員都很擅長。切記，溝通要有效，你必須運用說服力再加上眼神的交會。

身體動作

站著或坐著

首先要決定站著或坐著做簡報。站著做簡報比較好表達，但是坐著做簡報對容易坐立不安的人具有限制行動的好處。不論你選擇哪一種方式，我建議都要考慮兩個因素：

（一）你覺得哪一種比較舒適就選哪一個。

（二）評估簡報的氣氛。當別人都坐著，你若站著是不是覺得有點奇怪？此外，你是不是希望站著是你做簡報流程的一部分？

當然也有第三種選擇，只要看起來像是即興式的方法也可以採用。譬如，在進行簡報的主題部分時你站著，等到進入比較對話式的時間時就改爲坐著。而且，當你改變坐姿時，也能呈現簡報的另一種風格。

靜止不動

實際上，走動式的簡報比較可以增加影響力，但運用身體語言達到溝通目的之前，必須先學會如何保持靜止不動。**走動次數過多會造成觀眾分心，而身體靜止不動，則會讓觀眾對你產生注意力**。演員常常談到靜止不動的功效，而優秀的魔術師也會在最需要觀眾注意的當下靜止不動，以吸引觀眾把焦點放在他的身上。如果你上 YouTube 觀看魔術師丹尼斯（Paul Daniels）表演巧巧杯戲碼，你將看到快速俐落的表演。然而，接近表演的最高潮時刻，他的身體就呈現絕對靜止、文風不動的狀態，而兩條腿則牢牢的站在地板上。

麻煩的問題是，大部分人很難保持身體文風不動，尤其在我們很興奮的時刻，所以必須學會保持身體在完全不動狀態下的表演。魔術師孔恩（Steve Cohen），對身體保持不動有很好的建議：「如果站著時兩條腿同時向前，你的體重自然就會落在雙腳，看起來就會像船隻那樣搖擺晃動，但觀眾不會注意到這些，而你自己卻看起來很緊張又不舒服。」

他主張兩腳跟要維持四十五度，也就是你的右腳保持向前的方向，同時將左腳跟以四十五度的方式放在右腳跟後方。這種站法就可以像船錨一樣牢固的站穩，如果你再看丹尼斯的巧巧杯表演，請留意他在表演最高潮的那一刻，必定擺出靜止不動的姿勢，此時兩腳後跟併成向外的 V 字形緊靠在一起，保持最完美的四十五度。

當你發現自己是在一個巨大舞台上時，就必須填補舞台空間。如果你使用螢幕，那些投影片在這時可以幫你大忙。但是，當投影片停止播放時，就應該從你的原來位置走出來，在舞台上走動一下。**但你要避免昂首闊步的走法，也不要顯得很急躁的來回走動，這些都不適宜。**

還有角色扮演的問題。人們看到諧星在舞台上猛衝亂撞，認爲這樣的角色就應該如此。英國諧星麥金泰（Michael McIntyre）以跳躍的方式從舞台這頭到那頭，不但成爲他的招牌商標還博得盛名。其實，諧星在舞台上的動作都是照表操課，而且都經過事前規劃。他們的動作是個性的一部分，而這一部分又是經過技巧訓練以及多次的實際表演，加上獲得觀眾的立即回饋和事後觀看錄影的分析結果。但我們這些平凡人若是照著做，需要冒風險。

做完舞台動作之後，你應該回到原先位置（最理想的位置就是從觀眾的角度看，在舞台的左邊。）而且，**當你要吸引觀眾注意的時候，身體要保持靜止不動**。賈伯斯在主持產品發表會時，會在舞台四處走動，歡迎觀眾、向他們致意，同時也接受觀眾的掌聲，即使在放投影片的時候還是繼續在舞台上四處走動，但是到了要聚焦談論細節或是觀看新產品的時候，他就回到原先的位置——舞台的左邊。

舉手投足

你要思考如何用姿勢強化簡報風格：

·點頭：就像是說「是的」。
·雙手張開：強調很公開。
·手臂張開：表示成長和發展。
·兩手臂靠近：表示靠在一起。
·抓緊拳頭：表示決心。
·動左手又動右手：表示採用不同的方法。
·微笑：表示愉悅。

做簡報時越輕鬆、越忠於自己的風格，你就會發現自己的舉手投足都顯得自然自在。要密切注意簡報過程中的姿勢，然後在關鍵時間巧妙運用身體語言強化它。

不管你的肢體動作是出於自然或是經過規劃，對自己的舉手投足都要很清楚，而且，語言表達與姿勢協調不能衝突，否則觀眾對你所說的話就會打折扣。

錄影機並不必然對簡報者都有幫助。錄影機對於消除簡報者說話矛盾的缺點，或是找出令人討厭的姿勢非常有用。譬如煩人的口頭禪，簡報者也許自己都不知道它常常出現。此外，有些人根本不知道如何擺放他的雙手，結果擺出很怪異的姿勢。我有一位學員，簡報過程中先是將手放在胸前然後又放平，我看了開始分心，以為他是身體不舒服；另一個學員會不斷扭動右手肘。這兩個人都對自己漫不經心的肢體動作不自覺，手臂動作專家認爲，手肘一直扭動就是他的跳舞方法。錄影機的好處就是，一旦基礎功都學會之後，就可以藉著錄影消除不當的肢體動作。你的雙手最好輕鬆的放在一起，這種姿勢既不會顯得不安，也是令觀衆印象深刻的姿勢。也就是說，如果你使用投影片切換器時，這種姿勢就能讓你的雙手有點事情可做，雙手擺放的問題迎刃而解。

POINT

懂得運用與觀眾互動的工具之後，你的簡報力就會變得強大。

12／溝通工具

用 PowerPoint 做簡報

我們要探討溝通交流的科技工具 PowerPoint，現在才討論這項現代科技工具，正如我在前面所說的，因爲你才是主角，而 Power Poi 只是一個陪襯的配角。請將這個觀念牢記在心，你應該將目標設定在建立自己的能耐，不能讓任何視覺輔助工具搶了你的風采。所以我建議，讓我們從沒有 PowerPoint 的簡報開始。

你常常會看到魔術師與其他的表演人使用這種方式開始。他們也許有一位傑出的配角和一系列道具，但是，他們喜歡一開始就讓自己突顯出來，而且在結束時，也喜歡與觀衆保持一段靜謐的個人獨秀時刻。這就是魔術法則第十三條：「**最初和最後都要被觀衆記得。**」

在商場上做生意都要記得這個法則，不管你賣的是什麼東西，消費者才是最後買家。

眼神交會

大多數人都知道，只顧著讀出投影片、看螢幕是不好的習慣，但是許多人似乎都疏忽了。**PowerPoint 不應該是你的筆記替代品，投影片的作用是幫觀眾理出頭緒、了解簡報重點，而不是爲了讓簡報者看資料。**

問題是，許多人基於各種不同理由都一直盯著簡報螢幕，好像以前都沒有看過自己製作出來的投影片似的。結果造成他們的音調奇怪，也沒有和觀眾眼神交會，或讓觀眾看到簡報者應該有的肢體語言。

蘋果公司的 Presenter Tools 輔助工具，可以幫助簡報者知道現在講到哪裡，接下去要講什麼，這時簡報者還能與觀眾保持視線接觸，所以做簡報時要在面前放一台筆電。如果你沒有配裝 Presenter Tools，那麼就請用一本小筆記，用手抄錄一份投影片名稱及其先後排列次序。

魔術師和演員都有一種「背部對著觀眾」的恐懼感，所以與觀眾保持眼神交會絕對是吸引注意力的關鍵。你唯一要盯著螢幕的時刻，就是需要吸引觀眾注意力之時。回想一下，氣象播報員的動作。他播報氣象時被安排站在左邊（因爲西方閱讀習慣是從左到右），講到哪手就指到哪，這是看著螢幕又能吸引觀眾注意的做法。

PowerPoint的功效

之前我提過，PowerPoint具有強大的威力，能助你成爲成功的簡報者。現在，我們再看看PowerPoint有提供的，卻仍然未被簡報者發現的工具。

清除螢幕畫面

當你播放PowerPoint時，如果按下B鍵，螢幕就會變成漆黑，若再按一次B鍵，那張投影片就會重新出現。這個設計對簡報者是有用的工具，它可以讓觀衆的注意力又回到簡報者身上，也可以讓簡報者確實掌握簡報的進度。

W鍵也有同樣的功用，但是按一下W鍵螢幕會呈現白色，而不是一片漆黑；再按一次W鍵，那個投影片又會再次出現。此外，許多遙控投影片切換器也具有讓螢幕一片空白的功能。

從吸引觀衆的注意力來看，清除螢幕的功能非常有用。但是，你也要考慮如果沒有讓螢幕呈現漆黑時，又會怎樣呢？譬如，你只是希望呈現問題的補充資料，但如果你讓十分鐘前所討論的圖像一直停留在螢幕上，那就會變成讓人分心的目標。

我曾經出席一家公關公司的簡報，當時就看到需要使用B鍵的最佳例子。在那次簡報快結束時，簡報者說：「讓我簡短的告訴大家，我們做過的一些好玩事情，我們有女生夜遊的圖片（這時，投影片出現一群女生享受美好夜景的圖片。）我們發現這一招的確是與目標顧客群建立關係的好方法，因爲有很多顧客都是年輕單身女生。」接著，簡報者的語調轉變了，他又說：「所以爲什麼貴公司應該指定我們爲代理商，有三個理由……。」

就許多層面而言，這是一場典型的簡報。但是，我們並沒有注意聽簡報者在最重要時刻所說的話，因爲我們還在看著螢幕上那些漂亮女生夜遊的照片。要是主持人使用 B 鍵，他就可以消除我們的分心，將我們的注意力帶回到他身上，並仔細聽他講最重要的總結內容，也注意到他的語調變化。

使用超連結

我們現在可以處理 PowerPoint 七種瑕疵問題中的兩項：格式僵化問題和破壞商業交談的藝術。

你有時會發現，在做商業簡報時，某一項在後面才會講到的特殊主題，而觀眾卻在當下就發問。麻煩的是，這時如果主持人使用 PowerPoint，他就會感到綁手綁腳，講完一段時還要求觀眾：「麻煩再提醒我，馬上會回答你的問題。」

遇到類似狀況，你可以將簡報跳到要講的重點，只要有一張便條紙你就能記錄投影片出現順序及內容。只要鍵入要找的那張投影片號碼，按下 Return，此時電腦就會找到那張投影片。不過，如果你希望回到原先的地方，也需要帶著同樣的便條紙，在上面記錄投影片出現順序及內容。

你必須運用判斷力，決定是否讓觀眾也記下那些投影片的出現順序。你需要他們的同理心，讓你想要講的內容能夠符合他們想聽的。所以，最有效的途徑就是找出他們最喜歡的主題。依照我的經驗，這時你會發現大家討論得很熱絡，甚至連 PowerPoint 都變成多餘的。

另一種方式就是超連結。就是已事先規劃好可以跳到要講的重點。這時你可以建立一個隱藏的連結，即連結到一張特定投影片，而這張特定投影片就會直接幫助你接到所選擇的投影片上。這種做法很有彈性，而且有公開化的優點。

我建議行銷代理商在推銷公司聲譽時，簡報內容若是需要說明客戶的歷史，就可以採用超連結。通常的流程是先顯示一系列的顧客名單，有可能是一組公司的標誌，再呈現公司的歷史。這種超連結技術還可以表現得更具有威力，如果你秀出一組公司標誌之後，邀請觀眾選擇他們所想聽的個案。這就好像自動點唱機一樣，你點選該公司標誌之後，PowerPoint 立即會找出客戶的個案，等到該個案結束，另外隱藏的超連結又會回到你可以自動點選的位置。

這種操作的好處就是，觀眾不必一直聽他們不感興趣的個案，而且，簡報者也可以詢問觀眾：「你們想看哪一家公司的個案？」當然，公關公司所能提供的選擇是有限的，就好像魔術師說：「選一張牌，任何一張都可以。」但其實紙牌數量有限。

使用超連結時，如果你是用 PowerPoint，就先鍵入 Insert 鍵，然後在下拉式選單中按一下超連結，並遵照指示操作。不過要注意顏色的變化，一旦你鍵入超連結字體就會改變顏色，顯示你已經在使用它。就像 PowerPoint 會建議可以使用的格式一樣，它也會幫助你選擇顏色，你最好選不那麼俗麗的顏色。

寫在投影片上

PowerPoint 也能讓你在投影片上寫字、加上箭頭或其他元素，或在一張空白投影片上製作新的效果。爲了活用這項功能，你可以在 PowerPoint 的下方左邊角落鍵入 pen shape（筆跡標註）。當 PowerPoint 出現幻燈片功能時，也同時會提供各種型式的繪筆選項，繪筆的功能包括：突顯重點、上色和調色等等。

除非有充分的練習和操作經驗，否則避免使用在投影片上製作的功能。使用滑鼠很難畫得很精確，而其他比較好用的產品也一直在推陳出新。但如果你必須做很多繪圖工作，這些技術就值得你花時間深入了解。有一項好處就是，你在面對觀眾時可以節省用電腦的時間。有一種方法可以讓 PowerPoint 的繪製功能達到很好的效果，那就是事先準備繪製內容。

譬如，你有一張上方有十種選項的投影片，但你希望說服觀眾的只有其中的兩項，你就可以複製那一張投影片，然後將要選取的其中兩項圈選出來，省略其他八項。做簡報時就先秀出第一張投影片，讓觀眾先討論那十個選項，然後再呈現已圈選兩項的投影片。

投影片切換器

盡量使用投影片的切換器，最理想應當是使用自己的投影片切換器，這樣你會熟悉它並且也會使用得輕鬆愉快。投影片切換器就像汽車的齒輪切換器一樣，你不必低頭去看或還需要想一想才能做動作，就能很快的操作它。所以找到一支投影片切換器，放在手上就能輕鬆操作又精確無比。可惜的是，現在的投影片切換器變成形式重於實質，以至於無法滿足使用者。

一支好的投影片切換器，應該要有能使螢幕呈現空白的按鍵。有些投影片切換器也附有振動計時器，但是我發現這是有點多餘的設計。

雷射筆

我很少使用雷射筆，因爲即使手保持穩定還是無法讓亮點在螢幕上靜止不動，而且要尋找重點時，常常會發生在那個位置的周邊出現光點，不停的舞動跳躍。我比較喜歡針對每項要強調的簡報重點，逐一用手去指示出來，這時螢幕暫時會出現一些影子，但無所謂，這只是讓我和所要強調的重點一起呈現而已。不過，螢幕太大或太高，你接觸不到的時候就無從選擇了，要強調重點時就只好使用雷射筆。

最好先問自己，爲什麼需要特別強調簡報的重點，你的投影片是不是凌亂不堪？無疑的，有些情況你眞的需要使用雷射筆，所以，最好在你的投影片切換器內建雷射筆，這也表示少了需要攜帶的工具，也不會讓講桌顯得雜亂，以及擔心電池用光的麻煩。此外，**選擇使用雷射筆時，最好採用投射出的顏色是綠光而不是紅光，因爲綠光雷射筆比較清楚。**

影視剪輯

墨菲定律：「會出差錯的地方，總歸都會出錯。」這個定律用在播放影視剪輯時很貼切。你可能看過，在簡報時因爲播放機出了問題而秀不出剪輯的狀況。播放機出現小故障，或是播放出不對的剪輯，或是音量不對等等意外，這些毛病對你想要提升簡報內涵，增強它的清楚易懂以及突顯重點，有什麼影響呢？可能最後演變成簡報的動力和速度完全不見了，更賠上自己的信心。

針對這些問題，我的建議是：

- 盡可能使用自己的設備。
- PowerPoint 和 DVD 播放機各用各的電線。
- 如果可能，由你自行控制設備。

你要像這樣操作：

- 將筆電和 DVD 播放機放在你前面，讓 DVD 播放機保持開啟狀態。記住，休眠功能通常會變成暫停功能，所以接近播放時刻要轉到開啟功能。接著從 PowerPoint 轉到 DVD 播放機，再從 DVD 播放機切換回 PowerPoint。

如果影視剪輯一定要由技師控制，你就跟技師討論如何協調操作：

・確認用口頭或紙版顯示切入和切出的時間點。
・確認播出內容的重點章節。
・給技師確認後的剪輯，避免播錯剪輯。
・離開簡報會場時要恢復DVD播放機的原狀。

影視剪輯應該簡潔扼要。不必把剪輯從頭播到尾，這樣容易使簡報的速度變慢，讓觀眾感覺不活潑生動。就像是講話時，應該感受聽眾的情緒，並根據他們的反應修正內容，是縮減或是加以擴充。同樣的，製作影視剪輯也應當如此。

理想的影視剪輯，應該有一連串的截止點。如果簡報現場的反應氣氛平平，就播出短短的一小段，如果觀眾的反應鮮明、很投入，就讓它繼續播久一點。所以這也是爲什麼，盡可能由自己控制設備的理由。

你也許會發現播放剪輯時，也適合提出一些評論。若是如此，你必須在事先就決定，是否將播放機的聲音暫時關掉，由你自己發聲，或是播放機的聲音轉爲小聲，你則繼續講下去。

你該如何取捨，可參考因素很多，譬如：DVD播放機的音高、現場吸音狀況等等。而且這也可以看出，你是不是掌握了整個簡報的進行，如果只是做非常短的評論（這樣最好），最簡單的解決方法是：講話的聲音要高過播放機的聲音。

POINT

這些輔助工具本來就是工具，所以將它們看待為工具即可，選你最喜歡的工具，需要時就用，並運用它們最有用的特色來幫助你。

13／吸引觀眾注意

簡報前準備內容架構所花的時間，在這個階段將會有收穫：

- 建立明確的目標，以行動達成目標。
- 專注於要讓觀眾記住的重點（魔術法則第五條：**必須有單一的焦點才能集中注意力**。）
- 以量身打造方法，用於特定觀眾（魔術法則第四條：**大腦會過濾所接收到的訊息，而且只會留下它覺得最重要的部分**。）
- 以差異化方式切割簡報內容，以維持觀眾的興趣。（魔術法則第十一條：**要藉著不斷的變化來維持注意力，藉此縮短心理時間**。）
- 編輯簡報內容。用刪除法做到每項要素都能支持重點，並讓你的論述向前推進（魔術法則第十條：**內容的每一項要素，不是增加訊息就是縮減訊息**。）

創造焦點

如果魔術一定要在燈光下表演，那麼所謂正確的時間、正確的地點則變得沒有意義。

一旦你嫻熟眼神交會的藝術，就能獲得觀眾的注意，他們會跟著你這樣做：

- 看你所看的地方。
- 看你所指的地方。
- 看你告訴他們應該看的地方。

不過，大部分觀眾比較可能會這麼看：

- 看物體移動、出現聲音的地方。
- 看新的或不一樣的事物。

當我在訓練課程解釋這些看法時，大多數學員馬上分心的看教室後面，因爲他們聽到教室後方角落有一隻貓正在叫。當然這是特殊效果，我用遙控器操作出來的。但也證明：掌握觀眾注意力的要素可能是你的朋友也是敵人。

所以，你必須盡可能運用三種策略，以防範干擾注意力的事物：

（一）指定觀眾的座位。這樣他們自然看著簡報者，遠離會引起分心的事物。

（二）消除可能造成分心的事物。當你做簡報時，除了要清理干擾觀眾專注的事物，也要考慮隨時會讓他們分心的事。譬如，送咖啡時間。你根本無法對抗那些叮叮噹噹作響的杯子，以及「你要加糖嗎？」的輕聲招呼。

魔術師應付這一方面的事情很有經驗，他們常常面對一些進場遲到的觀眾，許多人還會走到舞台前面尋找座位。

（三）有時碰到分心是無法避免的，譬如：呼嘯而過的救護車或警車的警笛聲，這時你不要想跟它對抗，要暫停片刻，也可以趁此來一段簡短的風趣妙語，等分心事件消失之後再繼續做簡報。如果分心事件持續著，譬如：建築工人的鑽頭聲嘶嘶作響，你可能必須商請工人改變工作時間。

遇到突發干擾事件之後，你需要重新吸引觀眾的注意力，有幾位卓越的魔術師可以提供建議。當你做簡報時有人咳嗽，魔術師布朗建議：在此時此刻你講話的聲音要小一些。他說，出於直覺簡報者這時會說得更大聲，但是此時用更小的聲音講話，會迫使觀眾更努力的聽講。與此同時，也給咳嗽的人施點壓力。

如果台下有人在說話，布朗建議：簡報者就走向那些正在說話的人，但不必盯著他們。如果他們繼續說話，就對所有的觀眾說：「你們可以聽到我說話嗎？」當他收到正面的回應之後，就直接看著那些說話的人，並說：「很好，我也能聽到你們說話。」

重新吸引觀眾

魔術師只有從一開始就保持對觀眾的注意力，才能吸引觀眾專注看表演。開始講另一個主題時，你會希望觀眾重新注意你。（魔術法則第十一條：**「要藉著不斷的變化來維持注意力，藉此縮短心理時間。」**）

我們已經討論過聲音的高低變化和音調，也能夠重新吸引觀眾的注意力，尤其像講一些趣聞軼事作爲論述的例子。此外，還有一些更具體的方法可以重新吸引注意力：

- 從講台後面走出來，更接近你的觀眾，營造更溫馨親切的時刻。
- 保持向前傾的姿勢。在小型會議室，這個動作顯示你想更靠近觀眾，並強化你需要他們的感受和了解。
- 降低聲音。如果短暫的這麼做，也會像前面所提產生同樣的效果。這麼做，你可以迫使他們朝你看，並更用心講演。

另一種可以運用的策略就是，先提示即將有重要的事情要講。有兩位英國名流很會運用這項技巧，我稱之爲布萊爾／丹尼爾妙招（Blair/Daniel Technique）：

- 英國前首相布萊爾常常在演講時就先指出，他真正想說的重點：「我想真正重要的是……。」
- 英國著名的電視魔術師丹尼爾在變戲法時，都會加上一個重點時刻，他說：「現在看這邊，因為這將是非常不可思議的……。」

他們會在關鍵時刻吸引觀眾的注意力，藉此傳達他們的訊息。更重要的是，眼神交會要配合布萊爾／丹尼爾妙招。前面兩個例子中，眼神交會在他們訴求要觀眾注意時，表現得更爲強烈，而且丹尼爾的目光還會轉向觀衆，暗示他們注意看他的表演。

切記，要按下 B 鍵或 W 鍵，隨時將螢幕清理乾淨。不要一直用開關來切換螢幕畫面，只有在能夠支持你的論述時才使用螢幕。

使用視覺輔助工具

視覺輔助工具可以讓魔術師完成表演也可以讓他毀了，最佳情形是，舞台道具能提升魔術表演，最壞的情形是，這些道具讓觀眾混淆，並干擾觀眾對魔術師的注意力。

建立簡報的架構以及簡報的事前演練階段，你已經學到這些內容：

- 規劃能支持內容的輔助工具。
- 確保輔助工具的大小適合觀眾人數。
- 善用線條的濃淡度。
- 規劃輔助工具的處理方式（要放在哪裡？何時搬走？）

做簡報時處理視覺輔助工具的三個原則：

（一）清楚顯示輔助工具。保持平穩、直立和靠近你的身體。

（二）暫時停駐。擺放的時間不要太長。

（三）搬走工具。除非輔助工具是簡報內容的一部分，否則不要一直擺在那裡。

簡報者擔心帶著輔助工具很麻煩，於是匆促的展示一下，擺放的角度又很不好，造成觀衆備感折磨。另一種情形是，簡報者想要展示輔助工具的威力，就放在台上不動，卻造成觀衆的分心。更可能的一種情形是，讓圖像一直停在螢幕上。基於圖像本身的性質，停留在螢幕的圖像總是安排在一開始或結束之際。這是主題的一種變化，就是將圖像當作是整體的概念。此時，你可以在剛開始就介紹這個圖像，藉此爲你的簡報定調，然後在簡報過程中先清除這張圖像，等到簡報快結束時再讓該圖像重新出現。這種操作方式，可以讓觀衆有從最開始到結束繞了一圈的感覺。

我要求學員表演魔術時，會附上不同的文字和圖像的紙牌，但魔術表演的目的是訓練學員處理視覺輔助工具的能力。拿起一疊紙牌似乎很容易，但他們很快就了解：在壓力下會變得笨手笨腳；製作視覺輔助工具與實際運用之間，會搞得一頭霧水。

拿輔助工具給現場觀眾看一看，這個動作很自然、很友善也很有幫助，但結果會是：隨著觀眾觀看那些紙牌，你逐漸失去觀眾對你的注意力，尤其是他們彼此交談、評論時，情形會更糟。最好的方式是，表演結束後再邀請觀眾上台看個究竟。這麼做能保持觀眾的注意力，還可以繼續下一個時段的演出。

圖表

運用圖表時，你必須花點時間幫助觀眾看圖表上的線條、量表、數據、時間，以及其他的細節，這樣他們才會欣賞你做這些圖表的用心和重點所在。一般可能的狀況是，簡報者直截了當就切入重點，結果觀眾馬上被一堆視覺資訊疲勞轟炸，甚至很難找到簡報者要表達的重點。

最好的情況是，簡報者先打出第一張投影片，簡單的顯示圖表的軸線，這樣觀眾就能了解圖表的格式，就不會要求先看後面的內容，也能讓觀眾在出現第二張投影片時，就了解簡報的重點。

在顯示比較性的圖表時，這種按照固定步驟陳述的方法特別有用。譬如，在介紹某家公司過去幾年的營收成長時常常會這麼做。首先，準備一張全圖，也就是圖表中有一行是顯示該公司的營收狀況，另外一行則是整個市場的營收狀況，公司和整個市場的營收狀況同時出現。但這種做法也有缺點，除了太多資訊混雜在一起，也沒有機會說一則成功的故事。其實，如果你有成功的故事可說，就不要放在簡報的最後部分草草了事，要好好利用故事的力量：

- 先提出一張顯示整體市場營收狀況的圖表。
- 解釋這張圖表的軸線部分，譬如每一條軸線代表的營收狀況。
- 告訴觀眾過去幾年來整個市場發展的故事，重要的部分要加強說明，但要簡單扼要。
- 介紹你的公司營收軸線，但要切割每個時期分段述說，這時要連結整個市場的營收狀況。譬如你說：「這段期間剛好發生經濟衰退。」（指向整個市場營業下滑的曲線）然後介紹你的公司營收表現（圖表上顯示有希望成長）。
- 證明你的公司營收超過整個市場的表現。此時賣個關子，讓觀眾好奇你的公司能否持續成長。
- 最後揭露你的公司最近營收狀況滿足觀眾好奇心，讓他們了解全貌。

一切都要回歸到單一的聚焦重點。這個大原則就是，互動階段要創造一系列的單一聚焦重點以強化影響力。

眼神交會

魔術師會一直看著你，除非他們要讓觀眾看向其他地方，不然他們不會停止眼神交會。

眼神交會是引起注意的關鍵。但是，在每個人都期待解決一個問題時，又會是怎樣的情形呢？這時大家低頭思考，那個問題就會成爲焦點。另外還有觀衆無法專注的問題，在你準備講述簡報重點時，他們的眼神可能到處漫遊。這些都是簡報者常面對的情形，尤其是必須專注複雜資料的產業，更容易發生這種狀況。當我跟金融界朋友一起工作時，更驚訝於這種情況的嚴重程度，於是我研發出幾種方法：

- 發資料給觀眾之前，要先說明你當日的簡報重點，這樣你們才會眼神交會又可以避免分心。
- 用頭條新聞的方式處理簡報資料。
- 主導觀眾的注意力，譬如你說：「現在我要發資料，請你們直接翻到第五頁，在這裡你們會看到……」尤其這是你跟觀眾剛才討論過的內容，這樣就有很清楚的關聯性。你還可以繼續說：「接下來請看第八頁，這裡有……」直到你講完關鍵性重點。

最後，要記得在結束時做總結，讓觀眾在散場前記住你提出的簡報重點。

POINT

儘管簡報者應該負起責任告訴觀眾，要專注記住簡報的重點，但是你應該在簡報過程中很自然的隨時傳遞這個訊息給觀眾，才能達到成效。

14／影響問題

這個階段，你要將前面的簡報架構和事前演練工作都用上，讓簡報發揮到最大效果：

- 安排內容和聚焦重點。
- 詳細用心策劃以確定你真的知道想要說什麼。
- 確認必須強調和澄清的重點和用字。
- 採用「字中有畫」的原則，讓觀眾能夠「看到」你所說的事情。
- 更換軟弱的字彙，改為強勁的用語。
- 更換否定句，改用肯定句。
- 運用五官傳遞訊息。

接著，還有許多問題必須考量，以確保你的簡報發揮最大的影響力。

消除分心因素

魔術法則第九條：「**比較寬敞的環境通常會給你更多的訊息，或是減少訊息。**」

我們之前曾探討消除分心因素，亦即避免在做簡報時出現類似美人魚圖像掛在牆上，讓觀眾分心。但是，面對觀眾大腦裡讓他們分心而無法專注聽簡報的事情，又應該如何處理呢？如果你知道他們的大腦有些無法避免的東西存在，你應該在簡報裡納入化解問題的方法。

英國前首相布萊爾的聯絡主管坎貝爾（Alastair Campell）是溝通專家。就像魔術師一樣，他採取魔術法則第九條，運用一項稱之爲「柵欄新聞網」的新聞管理系統，他常常將未來幾個星期英國政府計畫發布的消息，全部預先設計好，又加上像是重要運動活動的人物和項目，流行媒體都會大幅報導的全國事件。

譬如，英國政府有一項重大新聞要宣布的那個晚上，正好英國足球隊碰上一場重要比賽。這時，坎貝爾規劃這一則新聞的想法是，當他宣布那則新聞時，英國大多數的民眾和媒體是處在極度興奮或是極度沮喪的狀態中。譬如，有一位知名流行歌星因爲交通事故上法院，這時正好內政部長要宣布重大政策。這時，兩個事件就會混在一起，這種情形可能有助或是妨礙政府宣布新聞。坎貝爾應該建議內政部長延後還是提前宣布呢？

將這項原則應用到商業性簡報，就是你在簡報時要考慮到觀衆的大腦在想什麼？然後，將這些因素納入簡報中。

．觀眾是某位網球選手的超級球迷，而這位選手在當天下午要參加溫布頓網球賽。如果你知道消息，就應該更改簡報時間，如果簡報時間無法更改，就應該在會議室安排一個巨型螢幕，讓觀眾在休息時間可以觀看球賽。

．如果參加簡報會議的人，必須搭車參加另一場重要會議，你就要安排他們的交通車，並把簡報時間提前十分鐘結束。

你要盡全力消除可能造成觀衆分心的事情。有一天，我爲一家重要的汽車製造廠安排兩天訓練課程。當時，媒體傳出該公司將大裁員。無可避免的，來參加受訓的員工感到很困擾，大家都心不在焉，所以我想，與其繼續做簡報不如讓這些員工休息一小時，再視情況而定。他們非常感激我的做法，便紛紛走到戶外打電話，所有的人在二十五分鐘全都趕回來。他們知道能做的不多，只能等待，但兩天的訓練課程也是一個好機會，讓他們暫時不用去煩惱裁員的事情。至少，我已經減少他們的分心。

打瞌睡時段

不管你講得多好，簡報時總會出現觀眾打瞌睡的情形。通常都發生在簡報過了四分之三的時段。這時，台下的觀眾已經很習慣你的演講，而且坐在位置上也非常舒服。這時你要想想，用什麼方式刺激他們脫離太舒服的狀態，激發他們的注意力。我的方法是：

- 提出不恰當的建議。這是別有用心的刺激，引起觀眾的爭辯。
- 關掉 PowerPoint，換成為迥然不同的媒體輔助工具。
- 從電影尋找靈感。拿出電影海報討論，讓他們感到意外。

這些方法有點像晚宴的主人建議客人更換座位，於是客人就有新的角度觀看這次宴會，而且會帶來一股新活力。

處理提問

如果你已經努力模擬回答困難的問題，那麼面對觀眾那些困難的提問就應該不再感覺棘手了。一定要記得，當你不能直接處理困難問題時，必須承認你不懂，否則這些問題將會難以應付。此外，回答問題之前必須先停頓一下，這樣才能顯示你用心在思考他們的問題，如果無法回答，要表示回頭再給提問者答案。

你也可以向現場的觀衆尋求答案，也許有人能回答。這麼做能顯現你的態度謙虛，而且這也是碰上困難問題時的好方法。

而且，回答問題時必須具有說服力。有一個很管用的訣竅，譬如可以說：「我回頭再答覆你的問題。」但這還不夠有說服力，所以接下來要讓對方看到你將他的問題記在筆記本上，這樣就會顯示你有誠意回答他的問題。

安排問答時間

在簡報中安排問答時間，對於你做簡報的成功與否以及影響力都是事關重大。大多數人都認爲問答時間是在簡報結束時，不過，你可以來點不一樣的安排。我建議，最好將問答時間安排在簡報快要結束前，這樣可以掌握簡報的高潮時刻。

記住魔術法則第十三條：「**最初和最後都要被觀衆記得。**」如果你將問答時間設在最後，很可能有某個人問了很艱澀的問題，而且你也給了非常明智的答案，觀衆離開會場時還言猶在耳。但也有可能，你無法回答問題，或是觀衆對你的回答不贊同，卻沒有時間再提問，造成散場後留下不好的印象。當然，也有可能發生沒有人提問，以至於觀衆都帶著沉默離開現場。此時，你應該主動提問，打破沉默。譬如可以說：「我常常被問到這樣的問題……。」

你一定希望最後能掀起高潮，給觀衆留下深刻印象，我的建議是：

- 做結論之前說：「做結論之前，你們有什麼問題要問嗎？」
- 回答了一些問題之後再表示：「我可以再回答一個問題。」
- 回答問題後說：「謝謝你的問題，現在我要做總結……。」
- 重複你預先準備好的重點提示，要求他們採取行動。

這就是魔術表演高潮的「密切注意」時刻。魔術師常常會在最後創造一些驚喜，讓觀衆在離開時腦裡都會帶著驚嘆的印象，而做簡報的人也要在結束時，成爲觀衆注目的焦點。

我要求訓練課程的學員，用魔術表演的方式突顯這個高潮時刻。也許是藉由打開信封，看一看信封內所預測的內容是否是「密切注意」的時刻。此時，簡報者必須決定是由他自己來打開信封（比較沒有說服力）？或是由觀衆打開（顯然很公開）？如果簡報者已經愼選自願的觀衆，而這位觀衆也熱心的將信封袋貼近臉龐，並以美好的、清楚的聲音宣布結果。

但也有可能，這位觀衆嘟囔半天、含糊的宣布答案，神情顯得不太自然，就沒什麼高潮可言了。不過，如果現場氣氛已經很高昂了，你就可以自己打開那個信封，在最後不但掌控高潮的時刻，也讓觀衆記憶猶新。

我曾出席一所大學所舉辦的學術著作新書發表會，作者是該校的訪問學者，他也上台做簡報並主持最後的問答時間。他知道簡報的時間剩下不多了，於是說：「提最後一個問題。」結果，只有一位從不與他交談的教授提問。正如預料，那位提問教授的問題並不友善，而且問題很龐雜。但作者回答得很好，快速斬斷這個意外狀況（亦即：他接受提問，但並未眞正處理問題。）他說：「我們的時間只夠問一個問題。」

POINT

你做簡報的效果，可能會因為各種狀況而更大或更弱，甚至因而破滅。

15／創造簡報的高潮點

確定簡報高潮點之後，要做的事情就是大膽的執行。如果使用 PowerPoint 做簡報，不使用時要按 B 鍵或 W 鍵，將螢幕清理乾淨，這樣觀眾的注意力就會回到你的身上。

・高潮點可以在簡報即將結束時。譬如，可以簡單的說：「就在結束簡報前……。」此話一出，就會再度引起觀眾的注意，他們會期待簡報者會說什麼？

・以清晰的聲音重申簡報的重要訊息。這是關鍵重點的摘要總結，你要 POINT。理想的方式是，將你和觀眾的想法連結在一起。

我在做簡報總結時，通常會在螢幕上打出一個有許多方格子的大正方形，而這個圖像的背景則是客戶公司的顏色，十二個小方格中的第一格放客戶的公司標誌，其他小方格就填進我的簡報重點，再邀請一位自願的觀眾，請他在我轉身後隨意點出一個小格，讓我猜一猜。不用說，大部分人都會指向他們公司的標誌。

· 不要期望做商業簡報時能贏得掌聲，但做總結時依然要做到肯定、清楚和明確。如果最後觀眾說：「只有這樣子嗎？」你的簡報就失敗了。在簡報高潮時，你需要突顯自己的聲調、節奏和身體語言做總結。

說服觀眾

此時要做的工作都已經在第五章提過，但一定要做到：

· 堅定的信念。
· 做自己。
· 開放心胸。
· 避開無法說服的人。
· 自信。

堅定的信念在第八章已經討論過：

- 三個階段的演練。
- 密切留意簡報的最初和最後部分。
- 提示性的輔助工具。
- 因應出狀況所做的規劃。

溝通表達有兩個重要因素要考慮：

- 知道自己要說什麼。成功的簡報者要知道自己要說什麼，用精確、清楚、流暢的語言表達，這樣會讓你顯得充滿自信，深具說服力。
- 眼神接觸。如果眼神不友善就無法說服觀眾，也無法表現出自信。

POINT

希望觀眾會按照你的簡報內容去執行，就要在簡報前準備充分的內容和演練，做簡報時一定要非常審慎小心，發自內心的表達。

16／來自音樂世界的靈感

跳脫井底之蛙的封閉世界向外看，進而獲得靈感，是非常重要的。多年前我就非常欣賞一件很不尋常的例子，因爲這個個案具備成功簡報的三個要素，也可以看到許多魔術法則應用其中。一九八五年，英國女王出席歌手蓋爾多夫（Sir Bob Geldof）發起募款救濟衣索比亞的 Live Aid 演唱會，蓋爾多夫邀請英國女王出席時說：「女王是當今最佳的搖滾樂團團員。」我相信，他們一定很用心在表演內容、事前彩排、與觀眾互動，英國女王才願意參加，並創造極爲成功的募款演唱會。

許多合唱團都沉湎於往日風光歲月，似乎除了表演之外就很少思考其他問題，最後下場就像英國傳奇搖滾樂團齊柏林飛船（Led Zeppelin）一樣陷入困境。巴布．狄倫（Bob Dylan）則以打破世俗之見而聞名，其結果也不甚理想，而恐怖海峽樂隊（Dire Straits）則被傳說準備在溫布利球場（Wembley Arena）舉行演唱會。

・切記，我們的簡報目標就是觀眾，就像樂團一樣，要演奏觀眾最熟悉的歌曲（魔術法則第三條：**溝通要奏效，內容就要是觀眾所知道的事物**。）

・簡報時間如果只有二十分鐘，應該如何做？就像搖滾歌曲一樣要編輯成一首混合曲（魔術法則第十一條：**要藉著不斷的變化來維持注意力，藉此縮短心理時間**。）

・簡報結束前的表達方式要學習演唱會的做法，以「我們是冠軍得主」的氣勢作為尾聲歌曲（魔術法則第十三條：**最初和最後都要被觀眾記得**。）

・讓觀眾知道簡報目的（魔術法則第五條：**必須有單一的焦點才能集中注意力**。）

我當時非常好奇，英國女王爲何會答應出席蓋爾多夫的募款演唱會，後來看了瓊斯（Lesly-Ann Jones）寫的書《佛萊迪傳》才發現，英國女王是有備而來的，她花了一星期演練出席演場會的情景，而且樂團又將最後高潮時間縮減爲十八分鐘，讓他們有充裕的應變時間，最後的結果就是，呈現女王是當天最佳的搖滾樂團團員。

此外，演唱會當天，蓋爾多夫大聲呼籲人們共襄盛舉、熱情捐獻，但他對英國女王的態度則表現得相當體貼。其實曾有人建議女王不應該參加類似的活動，蓋爾多夫得知消息之後，立刻調整演唱會主題，從「人們陷入垂死邊緣，我們必須伸出援手」的主題，改爲「全世界是你們的觀眾」，因此英國女王便欣然同意出席幕款演唱會。

附錄

日常交談與簡報差異

我們在第四章已經討論過，必須用淺顯易懂的文字準備簡報內容，也要避免使用聽起來很不自然的語調。如果遣詞用字太過於正式，也會妨礙你與觀眾之間的溝通。不過，日常交談與簡報兩者之間的差別儘管難以察覺，但確實存在著重大的差異。日常交談是你跟一、兩個人之間的非正式閒聊談話，而簡報則是對著人群講話，即使只是少數幾個人。

簡報與日常交談的不同之處，部分原因在於：做簡報時需要突顯你所說的內容。簡而言之，簡報是一種單向的溝通，別人幾乎沒有機會插嘴和要求澄清。這就好像你正在閱讀一本書，但是你不能再翻到前面去查看內容一樣。簡報具備了一些要素：

・簡報的語言比日常生活的交談更直接。我們在第四章探討否定句的風險時，我曾提到英國人在日常交談時，都會保留自己的觀點。英國人內斂而不表態，聽人說話的同時也評估對方的觀點，加以詳細分析、抽絲剝繭，再藉此修正自己的觀點。但是做簡報時就無此需要也沒有機會，所以你做簡報時應該要講得更大聲、更堅定，甚至更直率的表達。

我們在第四章討論過兩項技巧，即強而有力的用字遣詞以及避免使用否定句，這兩項都可以幫助在你做簡報時顯得更直接坦率。

・簡報的語言比日常交談更加簡單扼要。日常生活的交談有高潮也有低潮，還有一些嗯嗯哼哼的聲音和小語病，這些毛病可作為閒聊過程中的停頓點；而簡報則需要簡單扼要。你一定要知道自己要說什麼，千萬不要被那些戲劇表演的對白誤導了。戲劇中的對白大部分都不真實，而且都是從閒聊話語加以編劇而成的。

將最重要的字放在句子的最前面，並且多運用動詞，將會使得簡報的用字遣詞更加簡單扼要。

・簡報的語言比日常交談更重視說清楚講明白。簡報時不能含有曖昧、矛盾、暗示性的詞彙，就像我曾經說過的，你根本沒有機會重說剛才已說過的話，所以說到重點時都需要加以闡述，講話時也要有停頓以方便觀眾做筆記。此外，有可能出現「說不清楚的陷阱」，這時需要大聲說清楚，有時候要逐字逐句講明白。譬如：銷售量從原來的水準掉了一五％，不是五〇％」需要講清楚的地方應該一再反覆的講，因為這是關鍵性重點。

可以運用「字中有畫」的原則（參閱第四章），以便講得更清楚、簡潔。

簡報者必須控制講話的風格並將每個小語病找出來，而且不要與自己的角色有所衝突。諧星迪（Jack Dee）說：「所謂舞台角色就是突顯自己，一旦發展出那個舞台角色，它本身就會表現自己。」

去蕪存菁的技巧

電影大亨高德溫（Samuel Goldwyn）曾說：「如果你不能在一張名片的背後寫出一部電影的架構，就不能搞電影。」我們在第三章討論過單一聚焦重點的重要性，以及必須決定最想讓你的觀眾記得什麼。為了取得靈感，我們曾討論賈伯斯在簡報中創造了單簡訊，並讓觀眾在腦中自動的形成記憶。

我曾經對來自歐洲公司的高層人士做簡報，其中有一位叫做瑪莉女士，她的想法很特別。她說：「爲了讓訊息被人知道，務必用簡單的句子做溝通。如果辦不到，有可能是自己不懂。」當時我剛好要跟與會人士討論訊息的去蕪存菁問題，於是引述了她的話，我提出兩種方法：電梯訊息法、重要的話要先講。

電梯訊息法

電梯訊息所指的是，語詞簡單扼要、別人知道你是誰。如果你的訊息是關於產品和服務，那麼內容就變成那些東西是什麼？那些東西能爲我做什麼？製作電梯訊息的過程是：

（一）寫下每一個字詞和片語。理想的做法是寫在便利貼。

（二）按重要性排列字詞和片語。可以分為三類：必須知道、應該知道、最好要知道。

（三）去蕪存菁，留下最重要的資訊，做成可以應用的電梯訊息。

（四）製作類似新聞頭條新聞方法。

（五）測試電梯訊息。

我曾經多次運用這項技巧，並將這個方法運用在授課內容：

（一）寫下每一個字詞和片語：訓練、溝通諮詢、魔術圈、魔術法則、簡報技巧、創造性思考、指導、商業用途、顧客名單、魔術圈公關專員、特許公開研究、吸引力、遊說。

（二）按重要性排列字詞和片語：

必須知道	應該知道	最好要知道
訓練	指導	魔術圈
簡報技巧	顧客名單	特許公開研究
魔術法則	溝通諮詢	魔術圈公關專員
商業用途	吸引力	
創造性思考	遊說	

（三）去蕪存菁，留下最重要的資訊：製作電梯訊息，以魔術法則應用在商業溝通。

（四）製作類似新聞頭條新聞方法：以魔術法則應用在商業溝通。

(1) 結合簡報技巧、創造性思考和魔術技巧，從事諮詢工作。
(2) 以魔術師吸引觀眾注意的方法，應用在商業溝通。
(3) 我是公關研究所會員也是魔術俱樂部成員，負擔該團體的公關事宜。

(五) 測試電梯訊息：我過去較少強調創造性思考，也較少提到公關的背景，部分原因就是要在新事業闖出名號。

重要的話要先講

爲了追求事業名聲，你應該在簡報夾內附上證明自己經歷的資料。譬如，你接受電視訪談，要如何運用簡短的十五分鐘表現自己，讓觀衆緊盯著螢幕一直看下去。首先，準備一段吸引觀衆、讓他們聽得懂的簡介。例如，你可以將五百字簡歷縮減成一百字，就是將溝通建立在觀衆已經知道的事情上。

從製片人獲得靈感

我從製片人獲得靈感是因爲，他們將訊息去蕪存菁。在製片之前，他們必須先找上有錢人，推銷他們的點子。一旦電影製作完成，傳統的宣傳方式就是靠著電影海報和口碑行銷，也就是必須讓觀眾談論他們的電影。但除非觀眾有好口碑，否則電影很快就會下線。

所以電影製作人很有「高濃縮概念」，亦即能夠精簡用語、明確訴求，激發觀眾去看電影：

- 「一顆像德州大小的隕石正撞上地球。」（《世界末日》）
- 「在兩大敵對家族紛爭之際，來自兩家族的男女正陷入戀愛。」（《西城故事》）
- 「大白鯊逼近避暑勝地，陷入恐慌。」（《大白鯊》）

我喜歡的「高濃縮概念」傑作是《捍衛戰警》：「炸彈在公車上，如果車速低於五十五英里炸彈將會引爆，但此時正是交通尖峰時刻……。」就「高濃縮概念」而言，這樣的字句有點冗長。也許可以更精簡：「公車上的頑固分子……。」

正如史蒂芬．史匹柏所說：「我喜歡可以握在手中的點子，如果有人以二十五個字告訴我點子，我就可以拍成一部好電影。」最極致的「高濃縮概念」電影應該是《飛機上有蛇》。男主角表示他當初接下電影演出就是因爲看了電影片名。

善意的欺騙

魔術法則運用在商業的重點在於：抓住觀衆的吸引力，而不是欺騙的行爲。我要說的是，有時候用一點欺騙可以增加影響力，但並不會造成傷害，我稱之爲「善意的欺騙」。譬如，英國前首相的幕僚坎貝爾在跟商界朋友做演講之前，都非常公開談論他在康寧街十號的日子。有一場演講的內容是他在康寧街十號所學到的十大教訓，他相信這些教訓應用到商業社會很管用。

不管是否眞如坎貝爾所言，有所謂的十大教訓，但那都無關緊要了，因爲那十大教訓成爲他的演講內容，也增強了演講的影響力。而且，他會在演講中不斷強調「來自權力核心」的訊息，而不只是一位當年位居要津人士的事後回想而已。他的演講就像在訴說故事，而且說得像是正在發生似的。

我也常引用故事，不管來自上課學員或六年前的故事，觀衆並不在乎。我常常會說：「我最近指導某個人，而且……。」即使這個故事是六年前發生的，但也不會違背事實，沒有人會因此而受到傷害。我記得某位諧星，經常這樣開始講故事：「今晚要來戲院的途中，我遇見一件事……。」這樣的故事很管用，因爲這種說法很有現實感，而且令人覺得好像是經驗分享。

輔助工具

就像我們在第八章探討的，直接引述原始來源不只能增進簡報者的聲譽，也能讓觀眾對你所引述內容的可靠性更加信任。然而，你也許有必要虛構原始來源。我在第八章也提到，有些簡報者其實用不到筆記本，卻常常拿著筆記本翻一翻，以免觀眾認爲他根本沒有事前準備。這些經驗老道的簡報者用了「欺騙」手法，但也是爲了觀眾好。

講故事

在第九章我談到，必須消除可能造成觀眾分心的景物。我也提到一張美人魚的照片，造成學員分心。其實，那張照片是一位中國女性而不是美人魚，我刻意將它改爲美人魚是因爲，美人魚的故事不管到哪裡都是可以運用的通俗故事。根本不用害怕講這一則故事時，會有中國女性在現場而招來冒犯的質疑。所以，訴說故事時要稍微做一些調整，只要不會傷害人，反而會讓你的故事更精采。

觀眾提問

我們在第三章討論過，一開始就獲得觀眾注意的技巧。那就是抛出讓觀眾可以答得出「正確」答案的問題，這也算是一種「善意的欺騙」手法。抛出問題時，你也許會想引出想要的答案，但是這麼做也可能讓觀眾提出其他問題，而更有參與感。

即興式簡報

沒有 PowerPoint 的簡報也是一種優勢，因爲你可以根據觀眾的情緒反應，刪減或改變簡報的內容與進度。這也表示，你有機會審慎的重整內容，作爲現場的即興演說，回應觀眾提出的問題。這麼做的好處是，你的簡報就會像是量身訂做一樣，你的觀眾也會想要積極參與。回想一下，我們在第二章探討簡報架構時提到，你可以用鉛筆在簡報架的板子上做記號，這樣可以協助你呈現即興式簡報的好點子。

研究探討

魔術師在表演讀心術時，表面上是猜測觀眾的心思，其實，這些資料大部分都是從臉書和網路搜尋引擎收集來的。但你如何運用這項技巧在商業簡報呢？只靠著資料收集是不會讓你贏得掌聲。不過，巧妙運用對方的個人資料，有可能迅速獲得對方的信任。因爲你知道對方不喜歡什麼，你就能避免觸及他們的禁忌，知道他們所喜歡的事物，則能讓他們對你產生興趣。你可以這麼說：「我覺得你是這種人，所以要向你推薦……。」

像魔術師一樣做簡報

簡報架構十訣竅

(1)針對簡報最初和最後部分打草稿：精簡、動人的陳述你的簡報目的。
(2)打草稿時要大聲唸出來：寫給別人聽的內容，跟你寫在紙上的方式不相同。
(3)時常使用「你」，觀眾會感覺自己是局內人、重要人物，也是被注意的焦點。
(4)使用強而有力的文字，可以增強影響力。譬如：挑戰、可達成、相信，都是有力的用字。
(5)運用「字中有畫」的寫作原則：這樣觀眾就能夠「看得見」你所說的內容。
(6)使用肯定句而不用否定句：譬如：用「拿好」，不要用「不要摔破」。
(7)不要用 PowerPoint 的檔案，製成書面資料發給觀眾。
(8)重點句子要獨立一行，字體要加大。
(9)表格線條要考慮可見度。
(10)安排做簡報的程序：

．關鍵性重點要反覆講出來。

・創造簡報的高潮時刻。

・暗示觀眾要鼓掌，讓場面活絡。

做簡報的架構

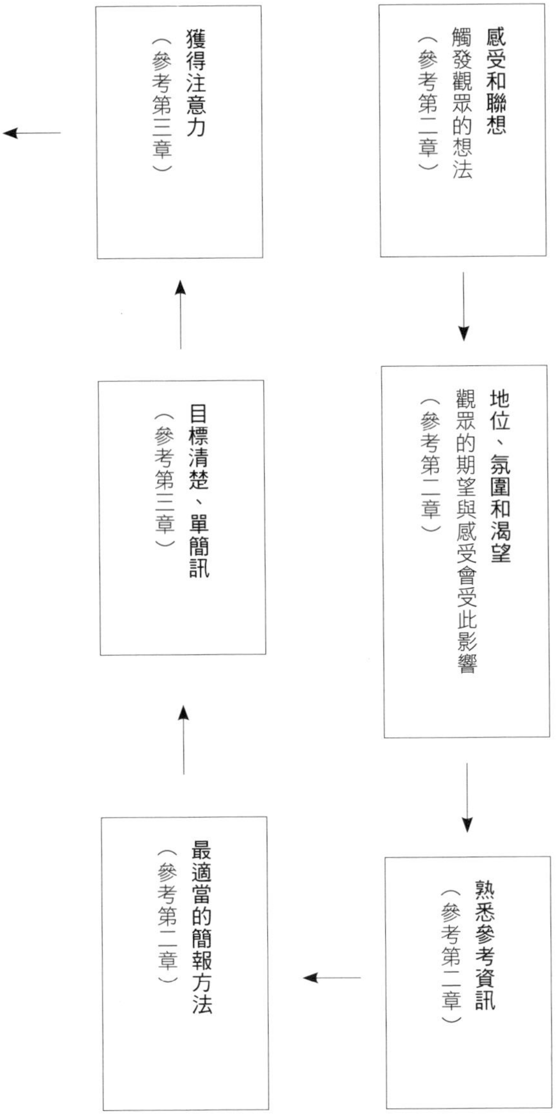

分割的威力
（參考第三章）

高潮時刻
反覆説關鍵的重點
暗示觀眾鼓掌
（參考第三章）

檢查草稿項目
*感受和聯想
*觸發觀眾的想法
*字中有畫
*有力的用字遣詞
（參考第四章）

視覺輔助工具的運用
・視覺問題
・簡潔、清楚、突顯簡報的重點
・大量的細節
・微笑和使用象徵圖像
・明亮的投影片
想一想
・尺寸大小
・線條的濃淡
・割愛
（參考第四章）

輔助工具的差異性
（參考第四章）

堅定的信念
・信心
・開放：利用意外機會進行説服
・無法説服的
・魔術法則第十九條
（參考第五章）

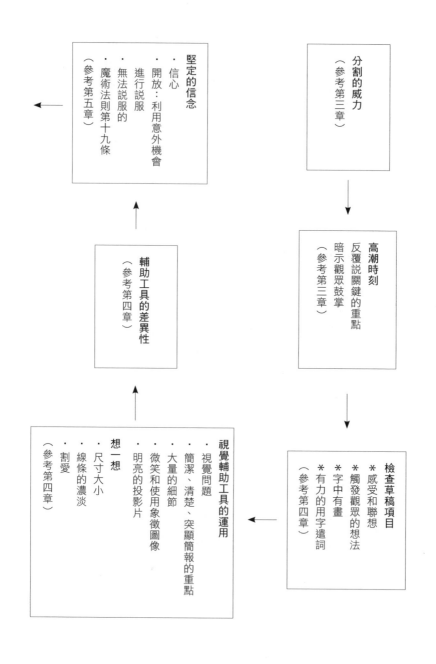

PowerPoint

- 控制：視覺化呈現
- 主要用途
- 簡報架構：目的地〈起始點〉道路和橋梁
- 撰寫草稿：用字精簡
- 視覺輔助工具維持一致性（參考第六章）

簡報前演練十大訣竅

(1) 處理緊張情緒：事前先去參訪簡報現場。

(2) 適應簡報會場：事前掌握簡報時間、出席觀眾、會場環境。

(3) 說話速度要比日常交談慢：必要時可安排說話的停頓處。

(4) 簡報的最初和最後部分要比其他部分多做練習。

(5) 告訴引介人如何介紹你出場。

(6) 讓科技設備簡單化，而且盡可能不要依賴第三者幫助。

(7) 輔助便條紙要小、質料要硬。

(8) 盡可能使用 Presenter Tools 軟體。

(9) 確實掌握簡報時間，並盡量縮減一些時間。

(10) 正式做簡報前二十四小時，就要停止演練。

簡報前演練工作

事前準備工作

檢視清單

＊跟誰做簡報，有多少人參加？

＊你會在哪裡做簡報？參訪簡報場地。

＊簡報時間有多長？

設備

＊螢幕和你做簡報的位置

＊盡量用自己的設備

＊延長線和帶子

＊凹凸插頭

＊講桌

＊準備臨時因應計劃

（參考第七章）

事前演練

重現簡報的情境

* 場地的陳設
* 科技產品設備
* 視覺輔助工具
* 簡報的正確時間，白天或晚上
* 當天的穿著

演練階段

(1) 自己演練

(2) 找親友試聽

(3) 準備困難的問題

用心演練，但簡報前二十四小時就要停止

細節

* 最初和最後的部分要精簡
* 比日常交談速度還慢
* 在正確的時間強調
* 熟悉設備
* 輔助工具的處理

四大方向

(1) 平淡無奇的問題

(2) 困難的問題

(3) 常常會被問的問題

(4) 與新聞事件相關的問題

提示用的輔助工具

* 小而堅硬的便條，是讓你回歸簡報正軌的「地圖」
* PowerPoint 的軟體要用 Presenter Tools

為因應狀況而預先規劃

星巴克測試

（參考第八章）

簡報互動十訣竅

(1) 安排設備並重新擺放陳設，以便適於做簡報。
(2) 先做聲音測試：不管你用不用麥克風，都要評量現場環境的吸音狀況。
(3) 如果需要使用電燈開關，自己就要先熟悉，可以使用貼紙做記號。
(4) 要能從聲音中聽出你在微笑。
(5) 讓觀眾的焦點轉回到你身上：
- 使用 PowerPoint 的 B 和 W 鍵。
- 身體稍微向前傾、降低聲音，可以讓觀眾更接近你。
- 暗示觀眾，簡報的重點即將出現。

(6) 要講出重點時，就稍作停頓，這樣可以達到：
- 突顯關鍵性重點。
- 增強戲劇性的影響力。

(7) 檢視觀眾的眼神，這樣能確保你跟觀眾之間的眼神交流。
(8) 看著觀眾，不要一直盯著螢幕。
(9) 不要將問答時間排在簡報結束的部分，這樣才能操控簡報的高潮時刻。

（10）如果沒有人提問，你自己就要拋出問題。

到達的途徑

＊熟悉環境

＊測試聲音和熱身

＊光線

＊現場的陳設

＊消除分心

（參考第九章）

←

溝通交流

（1）介紹

（2）開場白

（3）聲音

＊運氣發聲、熟悉高低聲音的變化

＊停頓

（4）眼睛

＊密切的眼神交會

＊環視所有觀眾

＊注意觀眾的眼神

（5）身體

＊站著或坐著

＊靜止不動

＊姿勢

（參考第十一章）

←

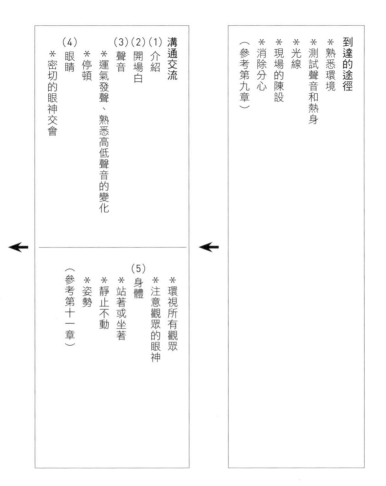

PowerPoint

*熟保持向前看
*清除螢幕畫面：善用 B 和 W 鍵
*超連結：追求彈性方便
*使用自己的投影片切換器
*防範多媒體故障

讓輔助工具來協助你，而不是牽著你走
（參考第十二章）

←

吸引觀眾的注意力

控制分心因素
*聚焦重點
*預見分心的潛在事物
*掌控簡報空間

吸引注意力
*移動身體
*強調重點

處理輔助工具
*靠近你的身體
*暫時停駐
*按照既定規劃，不用就搬移圖表
*使用座標縱軸跟觀眾做說明
*講出你的重點
*引用數據

用檔案幫你做簡報規劃
（參考第十三章）

影響因素
＊外在環境造成分心
＊打瞌睡的時間
＊提問時間的安排
（參考第十四章）

←

高潮時刻
(1)暗示即將結束演講
(2)反覆講述關鍵訊息
(3)暗示觀眾鼓掌
（參考第十五章）

←

簡報現場力／尼克・費茲賀伯特（Nick Fitzherbert）著；鄭清榮譯 -- 二版 .-- 台北市：時報文化 , 2018.06；
面；　公分 .--(BIG ; 288))
譯自：Presentation magic : achieving outstanding business presentations using the rules of magic
ISBN 978-957-13-7384-3(平裝)

1. 簡報

494.6　　107005014

ISBN 978-957-13-7384-3
Printed in Taiwan.

BIG288

簡報現場力

Presentation magic : achieving outstanding business presentations using the rules of magic

作者　尼克・費茲賀伯特（Nick Fitzherbert）｜**譯者**　鄭清榮｜**責任編輯**　謝翠鈺｜**校對**　李雅蓁、謝翠鈺｜**行銷企劃**　曾睦涵｜**美術編輯**　吳詩婷｜**封面設計**　李涵硯｜**製作總監**　蘇清霖｜**發行人**　趙政岷｜**出版者**　時報文化出版企業股份有限公司　10803 台北市和平西路三段 240 號 7 樓　**發行專線**—(02)2306-6842　**讀者服務專線**—0800-231-705・(02)2304-7103　**讀者服務傳真**—(02)2304-6858　**郵撥**—19344724 時報文化出版公司　**信箱**—台北郵政 79-99 信箱　**時報悅讀網**—http://www.readingtimes.com.tw｜**法律顧問**　理律法律事務所　陳長文律師、李念祖律師｜**印刷**　勁達印刷有限公司｜**二版一刷**　2018 年 6 月 22 日｜**定價**　新台幣 280 元｜

時報文化出版公司成立於一九七五年，並於一九九九年股票上櫃公開發行，
於二〇〇八年脫離中時集團非屬旺中，以「尊重智慧與創意的文化事業」為信念。